GIS 专业教师加强教学与科研结合的理论与方法

Theory and Methods for GIS Teachers to Strengthen the Teaching-Research Linkage

田晶　任畅　王一恒　著

测绘出版社

·北京·

内容简介

本书在教学与科研结合的三个具体方面——指导本科生参与科研实践、将科研融入课程、非教育专业进行教育研究,对GIS专业教师如何加强教学与科研结合进行了系统的论述。在认知学徒制、情境学习理论和合作学徒模型的基础上,提出了融合指导方式与指导功能的学徒模型,以用于指导本科生;在希利教学与科研结合模式的基础上,提出了一种混合多种教学与科研结合模式的课程设计方法;在分析了发表在专业期刊上的教育研究论文的特点后,提供了非教育学专业教师进行教育研究的建议。

本书的内容适合测绘和地理信息相关专业中希望加强教学与科研结合的教师和希望参加科学研究的本科生阅读。本书的思路亦可供高校的其他非教育学专业教师参考。

图书在版编目(CIP)数据

GIS专业教师加强教学与科研结合的理论与方法 / 田晶,任畅,王一恒著. --北京 :测绘出版社,2023.10

ISBN 978-7-5030-4481-6

Ⅰ.①G… Ⅱ.①田…②任…③王… Ⅲ.①地理信息系统－教学研究－高等学校 Ⅳ.①P208-4

中国国家版本馆CIP数据核字(2023)第170196号

GIS专业教师加强教学与科研结合的理论与方法
GIS Zhuanye Jiaoshi Jiaqiang Jiaoxue yu Keyan Jiehe de Lilun yu Fangfa

责任编辑　李　莹　　**封面设计**　李　伟　　**责任印制**　陈姝颖

出版发行	测绘出版社	**电　　话**	010－68580735(发行部)
地　　址	北京市西城区三里河路50号		010－68531363(编辑部)
邮政编码	100045	**网　　址**	www.chinasmp.com
电子信箱	smp@sinomaps.com	**经　　销**	新华书店
成品规格	169mm×239mm	**印　　刷**	北京建筑工业印刷有限公司
印　　张	10.5	**字　　数**	206千字
版　　次	2023年10月第1版	**印　　次**	2023年10月第1次印刷
印　　数	001－600	**定　　价**	68.00元

书　　号　ISBN 978-7-5030-4481-6

本书如有印装质量问题,请与我社发行部联系调换。

前　言

《国家中长期教育改革和发展规划纲要(2010—2020年)》将“深化教学改革”“支持学生参与科学研究”明确列为提高高等教育人才培养质量这一发展任务的重要举措。高校教师担负着教书育人的重任,应当针对国家需求,结合创新创业教育蓬勃发展的背景,从自己做起,从本职岗位做起,在实践中大胆探索,创新教育模式和教育方法。

促进教学与科研紧密结合,帮助学生了解科研,指导学生参与科研实践是提高本科教育质量的有效方法。对学生而言,它有助于培养批判性思维、增强解决实际问题的能力、提升自信心、增加读研的可能性、培养团队协作能力等,促进其健康成长;对教师而言,它能使其不断追踪国际前沿,保持自身的先进性,改善其指导技巧,提高其教学水平。

本书所描述的工作是田晶及其指导的本科生团队一起形成的实践共同体的尝试,是将科研融入课程的探索,也是教育研究的成果,还是田晶到新西兰奥塔戈大学高等教育发展中心访学的成果之一。本书的理论与方法的提出,书稿结构的设计,主要内容的撰写,均由田晶完成,任畅和王一恒参与了第2章至第4章的撰写工作,第4章的部分内容在新西兰奥塔戈大学高等教育发展中心 Rachel Spronken-Smith 教授的指导下完成。

本书受到国家自然科学基金(41701439)和国家留学基金项目(201906275021)的资助。值此书完成之际,衷心感谢 Rachel Spronken-Smith 教授的悉心指导!衷心感谢艾廷华教授的宽容大度!衷心感谢刘耀林教授和刘艳芳教授的鼎力支持!衷心感谢沈焕锋教授、蔡忠亮教授、朱海红教授、李连营教授级高级实验师、刘潇同志、沈元春同志、石长虹同志和魏秀琴同志的无私帮助!

本书将这项工作的经验与各位学界同仁、广大本科生朋友分享。受限于作者的水平,书中难免存在错误和不妥之处,敬请广大读者批评指正,不吝赐教!

前 言

目　录

第1章 绪 论

§1.1 研究背景

本科生是高素质专门人才培养的最大群体，今日的本科生将是明日的各领域科学家和各行各业的中坚力量。本科阶段是学生世界观、人生观、价值观形成的关键阶段，这一阶段也是学生知识架构、基础能力的形成期。建设高等教育强国必须坚持"以本为本"，加快建设高水平本科教育[《教育部关于加快建设高水平本科教育全面提高人才培养能力的意见》(教高〔2018〕2号)]。

《国家中长期教育改革和发展规划纲要(2010—2020年)》(以下简称《纲要》)在工作方针中指出：

"把育人为本作为教育工作的根本要求。……要以学生为主体，以教师为主导，充分发挥学生的主动性，把促进学生健康成长作为学校一切工作的出发点和落脚点。关心每个学生，促进学生主动地、生动活泼地发展，尊重教育规律和学生身心发展规律，为每个学生提供适合的教育。……把改革创新作为教育发展的强大动力。……改革教学内容、方法、手段，……把提高质量作为教育改革发展的核心任务。……把教育资源配置和学校工作重点集中到强化教学环节、提高教育质量上来。……"

对于高等教育的发展任务，《纲要》明确指出：

"提高人才培养质量。牢固确立人才培养在高校工作中的中心地位，着力培养信念执著、品德优良、知识丰富、本领过硬的高素质专门人才和拔尖创新人才。加大教学投入。……深化教学改革。……支持学生参与科学研究，强化实践教学环节。……"

对于人才培养体制改革，《纲要》要求：

"创新人才培养模式。适应国家和社会发展需要，遵循教育规律和人才成长规律，深化教育教学改革，创新教育教学方法，探索多种培养方式，形成各类人才辈出、拔尖创新人才不断涌现的局面。注重学思结合。倡导启发式、探究式、讨论式、参与式教学，帮助学生学会学习。激发学生的好奇心，培养学生的兴趣爱好，营造独立思考、自由探索、勇于创新的良好环境。适应社会经济发展和科技进步的要求，推进课程改革，加强教材建设……。注重因材施教。关注学生不同特点和个性差异，发展每一个学生的优势潜能。推进分层教学、走班制、学分制、导师制等教学管理制度改革。……"

《国家教育事业发展"十三五"规划》(以下简称《规划》)指出关于立德树人的七

项根本任务中的两项是：

“(二)培养学生创新创业精神和能力。……引导鼓励学生积极参与创新活动和创业实践，强化毕业论文、毕业设计的创新创业导向，开展创新创业竞赛……。(三)强化学生实践动手能力。践行知行合一，将实践教学作为深化教学改革的关键环节，丰富实践育人有效载体，广泛开展社会调查、生产劳动、志愿服务、公益活动、科技发明和勤工助学等社会实践活动，深化学生对书本知识的认识。……”

对于教育教学改革，《规划》明确要求：

“深化本科教育教学改革。实行产学研用协同育人，探索通识教育和专业教育相结合的人才培养方式……，激励教师面向经济社会新需求，强化课程研发、教材编写、教学成果推广，及时将最新科研成果、企业先进技术等转化为教学内容。……推行以学生为中心的启发式、合作式、参与式和研讨式学习方式，加强个性化培养。……”

2017年中共中央办公厅、国务院办公厅印发《关于深化教育体制机制改革的意见》，为如何培养学生指明了方向：

“要健全立德树人系统化落实机制。……在培养学生基础知识和基本技能的过程中，强化学生关键能力培养。培养认知能力，引导学生具备独立思考、逻辑推理、信息加工、学会学习、语言表达和文字写作的素养，养成终身学习的意识和能力。培养合作能力，引导学生学会自我管理，学会与他人合作，学会过集体生活，学会处理好个人与社会的关系，遵守、履行道德准则和行为规范。培养创新能力，激发学生好奇心、想象力和创新思维，养成创新人格，鼓励学生勇于探索、大胆尝试、创新创造。培养职业能力，引导学生适应社会需求，树立爱岗敬业、精益求精的职业精神，践行知行合一，积极动手实践和解决实际问题。……”

《国务院办公厅关于深化高等学校创新创业教育改革的实施意见》(国办发〔2015〕36号)中明确规定了高校的任务：

“各高校要根据人才培养定位和创新创业教育目标要求，促进专业教育与创新创业教育有机融合，调整专业课程设置，挖掘和充实各类专业课程的创新创业教育资源，在传授专业知识过程中加强创新创业教育。面向全体学生开发开设研究方法、学科前沿、创业基础、就业创业指导等方面的必修课和选修课，……各高校要广泛开展启发式、讨论式、参与式教学，扩大小班化教学覆盖面，推动教师把国际前沿学术发展、最新研究成果和实践经验融入课堂教学，注重培养学生的批判性和创造性思维，激发创新创业灵感。……改革考试考核内容和方式，注重考查学生运用知识分析、解决问题的能力，探索非标准答案考试，破除‘高分低能’积弊。”

《教育部关于加快建设高水平本科教育全面提高人才培养能力的意见》(教高〔2018〕2号)中提出：要强化科教协同育人，将最新科研成果及时转化为教育教学内容；要推动课堂教学革命，积极引导学生自我管理、主动学习，激发求知欲望，提高学习效率，提升自主学习能力；要增强学生创新精神和实践能力。

2019年中共中央、国务院印发《中国教育现代化2035》，其中战略任务二“发展中国特色世界先进水平的优质教育”中明确要求：

“创新人才培养方式，推行启发式、探究式、参与式、合作式等教学方式以及走班制、选课制等教学组织模式，培养学生创新精神与实践能力。”

另外，《教育部等六部门关于实施基础学科拔尖学生培养计划2.0的意见》（教高〔2018〕8号）中明确指出要开展研究性教学。2020年教育部办公厅印发的《未来技术学院建设指南（试行）》在建设原则中明确强调科教结合、坚持学生中心。

面对未知和不确定的未来，超复杂以及极具挑战性的世界，仅仅传授已有知识无法满足学生的需要。适应新的、不可预见和模棱两可的情况以及解决困难的、未知的问题的能力显得尤为重要（Gonzalez，2001；Barnett，2004；Brew，2010；Healey et al，2009）。参与科研可以训练“智育”中强调的能力（林梦泉 等，2019），学习如何研究以及参与研究能提升这些能力。教学生如何做研究以及鼓励学生参与研究是大学的主要任务之一（Boyer Commission，1998；Gonzalez，2001；王根顺 等，2008）。

对于教师，《规划》第八项第（二）条指出：“鼓励教师在实践中大胆探索，创新教育模式和教育方法，形成教学特色……”《纲要》第十七章第五十五条指出：“创造有利条件，鼓励教师和校长在实践中大胆探索，创新教育思想、教育模式和教育方法……”

以上国家的纲领性文件鼓励教师大胆探索，创新教育思想、教育模式和教育方法，强调教学与科研结合，支持学生参与科研，倡导以学生为中心的学习方式，特别注重培养学生的创新能力。它们提供了宏观的行动指南，高校教师应当沿着行动指南的指引，回归本分，热爱教学、倾心教学、研究教学，潜心教书育人，引导学生夯实知识基础，了解学科前沿，接触社会实际，接受专业训练，练就独立工作能力，成为具有创新精神和实践能力的高级专门人才。

正是在这样的背景下开展了本研究：地理信息科学（GIS）[1]专业教师加强教学与科研结合的理论与方法。本研究将在教学与科研结合的三种重要表现方式上展开：指导本科生参与科研实践、将科研融入课堂、进行教育研究。

§1.2 研究意义

国家在政策层面强调教学与科研结合（李永刚，2017），教育先驱们在办学理念上强调教学与科研结合（吴再生，2012），教学名师们在处理教学与科研关系的时候，对教学与科研结合的认同程度较高（曲霞 等，2016）。研究GIS教师加强教学

[1] 本书中GIS专业指教育部本科目录中理学类的地理信息科学专业。

与科研结合的理论与方法，其意义表现在四个方面：

第一，加强教学与科研结合对学生有益，有助于落实立德树人这个高等教育的根本任务。

教学与科研相结合是高教成功育人之道（郭传杰，2010），有利于培养大学生科研能力（张燕，2007；黄大林 等，2012）。作为典型的高影响力教育实践（Kuh，2008），本科生科研（undergraduate research）具有如表1.1所示（Beckman et al，2009）的若干维度。本科生研究委员会[1]将其通俗定义为由本科生实施的、对学科有智力或创意贡献的原创探究或调查。

表1.1 本科生科研的维度

以学生和过程为中心—以成果和产出为中心
由学生发起—由教员发起
面向所有学生—面向攻读荣誉学士学位的学生
课内—课外
合作—独立
对学生而言具有原创性—对学科而言具有原创性
多学科或交叉学科—单学科
面向校园/社区受众—面向专业受众
正式—非正式（Cornelius et al，2016）

为本科生提供科研实践的途径主要有：在课程中融入科研（如基于项目的课程或自主科研课程）、学生参与教师的科研项目、学生独立或在教师的指导下申请科研项目、各类科研型学科竞赛、科研夏令营和科学考察活动（Healey，2005a；Buxeda et al，2000；Tian，2017；Yarnal et al，2007；Cantor et al，2015；Gershenfeld，2014；李菁菁 等，2015；Moore et al，2018；Healey et al，2009，2018；Hunter et al，2010；Lopatto，2009；Prince et al，2007；Walkington et al，2017；Zimbardi et al，2014；Howitt et al，2010；Valter et al，2010；Falconer et al，2008；John et al，2011；Seymour et al，2004；Levy et al，2012）。

诸多研究表明参与科研对本科生的发展大有裨益（Finley et al，2013；Ishiyama，2002；Kardash，2000；Laursen et al，2010；Lopatto，2004，2007，2010；Russell et al，2007；Seymour et al，2004；Hathaway et al，2002；Hunter et al，2007；Gershenfeld，2014；Linn et al，2015； Visser-Wijnveen et al，2016；Spronken-Smith et al，2014；任晓光，2010；万剑峰 等，2012；李湘萍，2015；李斌 等 2016；张燕，2007；黄大林 等，2012；Webber et al，2013）。比较有代表性的研究将这些益处归纳为7类，如表1.2所示（Seymour et al，2004），其他研究或是与这些类别相似（Lopatto，2010；Laursen et al，2010；Bauer et al，

[1] www.cur.org.

2003;Sadler et al,2010),或是强调其中的某些类别,如技能(Gilmore et al,2015)、继续读研(Kilgo et al,2016;Hathaway et al,2002)。

表1.2 本科生参与科研的益处

个人/专业	增加对自身研究能力的信心
	对科学有贡献
	对研究进行展示和辩护
	建立科学家的身份认同
	与导师和同行建立合作的工作关系
像科学家一样思考和工作	增加对知识和技能的应用(批判性思维/问题解决,理解研究设计以及科学知识的本质)
	增加对科学研究工作的知识和理解(理论/概念/科学及科学间关联,通过展示和教学加深对知识的理解,培养研究工作所需的素养)
技能	改善交流技能(多为展示/辩论口才,一些为写作/编辑能力)
	实验室和田野调查技能
	工作组织能力
	计算机技能
	阅读理解能力
	协同工作能力
	信息检索能力
对职业/教育路径的厘清、确认和细化	确认对于学科此前已有的兴趣
	确认此前已有的读研打算
	增加对某个领域的兴趣和热情
	增加对关于职业生涯或继续深造的了解
更充分的就业/读研准备	真实的科研经历
	与教员、同行以及其他科学家合作与交际的机会
	简历得到丰富;新的专业经历
改变对于学习的态度,像科研人员一样工作	在项目中承担更大责任
	增加决策独立性、对工作的掌控能力和内在的学习兴趣
其他	一份好的暑期工作
	能接触到好的实验设备

第二,研究如何加强教学与科研结合顺应研究发展趋势,是对已有研究的有益补充。

教学与科研是大学的两项基本任务。教学与科研结合属于教学与科研关系研究的范畴,教学与科研的关系是现代大学的基本问题(Clark,1997;吴洪富,2014a;

刘献君 等,2010a),也是一个充满争议的话题(刘献君 等,2010a)。

教学与科研的关系是复杂的、变化的(Durning et al,2005;Tight,2016;Clark et al,2019;Lapoule et al,2018)、多维的(Elton,2001;Griffiths,2004;Visser-Wijnveen et al,2010)、非线性的(刘献君 等,2010a)。不同学者对于教学与科研的关系有不同提法(梁林梅,2010;Smeby,1998;刘献君 等,2010a;韩媛 等,2015;王建华,2015;Griffiths,2004;Neumann,1992;Robertson et al,2001;Coate et al,2001;Robertson,2007;Ramsden et al,1992;Hattie et al,1996),如正负零关系、单向或双向的促进或阻碍、直接或间接关系、对立统一等,通俗而言可以简化为正向关系、负向关系和中性关系(Shin,2011),本书将一些典型的关系进行了大致的映射,如表 1.3 所示。

表 1.3 教学与科研的关系及其映射

研究	正向关系	中性关系	负向关系
Neumann,1992	有形连接:传授高级知识,介绍研究进展 无形连接:发展学生对于知识的方法和态度,为学者提供充满活力的环境 全局连接:教学与科研在部门层次的交互关系		
Ramsden et al,1992	强整合关系:在个人层次上的紧密连接 整合关系:在部门和院校层次连接,不需要在个人层次连接	独立关系:教学与科研之间没有因果关系	
Hattie et al,1996;魏红 等,2006;陆根书 等, 2005;顾丽娜 等, 2007; Shin, 2011;韩淑伟 等, 2007;张鲜华,2017;Zhang et al,2015	教学(通常由教学评教分数、教学工作量、人才培养得分等度量)与科研(通常由科研成果数、科研得分等度量)呈正相关关系	教学(通常由教学评教分数、教学工作量、人才培养得分等度量)与科研(通常由科研成果数、科研得分等度量)没有相关关系	教学(通常由教学评教分数、教学工作量、人才培养得分等度量)与科研(通常由科研成果数、科研得分等度量)呈负相关关系
Smeby,1998	直接关系的例子有教师用自己的研究成果来教学,教学产生研究思路;间接关系的例子有教学帮助更好地理解研究领域		

续表

研究	正向关系	中性关系	负向关系
Robertson et al,2001	教学与科研在一个学习社群中是共生关系 教师对研究式/探究性学习方法建模，并鼓励研究式/探究性学习方法 教学是传递新的科研知识的方式	在本科生阶段，教学与科研没有或只有很小的联系	科研与教学是互不相容的活动
Coate et al,2001	一体关系：教学与科研不是分离的，它们具有相当程度的重叠 积极关系：科研对于教学具有促进作用，教学对科研具有促进作用	独立关系：教学与科研相互独立（中性关系）	消极关系：科研对于教学具有消极影响，教学对于科研具有消极影响
Robertson,2007	传递关系：传递领域知识和科研信息给学生 混合关系：通过传递使学生了解学科的“基础知识框架”，学生可能会参与研究或探究 共生关系：教学与科研被标识为独立的，但是紧密相关的现象 一体关系：教学与科研不再是独立的，而是相关的现象	弱关系：科研与教学本质上是无关的	
韩媛 等，2015	教学与科研具有相辅相成、互相促进的作用		教学与科研之间存在着矛盾和对立，两者的侧重点不同
Olivares-Donoso et al,2018	教学与科研间的关联提供了通过他人研究学习的空间、通过实践学习如何做研究的空间、可发展高阶思考技能的空间	教学与科研是无关联的活动	

对于教学与科研关系的研究方法，已经有很好的总结（吴洪富，2012；Robertson et al，2006；Robertson，2007）。一类研究试图探索教学与科研是否存在关系以及这种关系的本质，是谓本质主义研究范式（吴洪富，2014a）。此类研究主要有两类研究方法，一种方法是通过量化教学与科研，进行相关性分析（Fox，1992；Ramsden et al，1992；Noser et al，1996；Braxton，1996；Hattie et al，1996；Marsh et al，2002；Feldman，1987，Bak，2015；Shin，2011；陆根书 等，2005；魏红 等，2006；顾丽娜 等，2007；韩淑伟 等，2007；张鲜华，2017；Zhang et al，2015）。此类研究得出的结论不一致，而且如何量化教学与科研存在问题（Brew，1999；吴洪富，2014a；Shin，2011），教学一般用学生的教学评价进行量化，科研一般用论文和著作进行量化。另一种方法是通过人的经验与感受来研究教学与科研的关系及其促进或干扰因素（Neumann，1992；Smeby，1998；Durning et al，2005；Mägi et al，2016；Brew et al，1995；Griffiths，2004；Coate et al，2001；Robertson，2007；Visser-Wijnveen et al，2010；Zhang et al，2015；刘献君 等，2010a；Zubrick et al，2001；Huang，2018；Duff et al，2017；Visser-Wijnveen et al，2016；Geschwind et al，2015；Farcas et al，2017；Halse et al，2007），这里的人可以是学生、教师、管理人员等。然而此种研究方法也存在一定问题，因为感受与实际情况存在差异，甚至根本就是错误的认知或者想当然。

尽管教学与科研存在一定冲突（Robertson et al，2005；Lai et al，2014），而且教学与科研结合受到了全方位的批评和质疑（Tight，2016），然而国内外很多学者建议加强结合（Brew，2003；Jenkins et al，2003；Healey，2005a；Spronken-Smith et al，2010；Walkington et al，2011；Fuller et al，2014；Harland，2016；钱伟长，2003；余秀兰，2008；张楚廷，2003；蔡映辉，2002；吴洪富，2012；刘献君 等，2010a；李斐，2015；郭英德，2011；李健，2008；王建华，2015），如钱伟长先生强调“高等学校教学必须与科研结合，教学不能和科研分家”（钱伟长，2003）。即便是研究结论为零相关关系的学者也建议放下争议，承认没有关系，寻求如何加强这种关系（Hattie et al，1996；Marsh et al，2002）。吴洪富（2011）梳理了我国教学与科研关系研究的历史脉络，提出研究的重点是如何加强教学与科研的联系，而不是研究二者究竟有什么内在关联。

由于教学与科研不是自动结合或不言自明的（Robertson et al，2005，2006；Jenkins et al，2007；Wilson et al，2012；Vahed et al，2018），所以需要研究如何加强教学与科研结合。在吴洪富看来，这类研究属于社会建构主义研究（吴洪富，2014a）。在社会建构主义研究中，吴洪富（2014b）进行了教学与科研关系的社会学研究，分析了大学内部教师与科研关系的认识和行动。本研究尝试走社会建构主义研究的另一条路，即如何构建教学与科研的关系。

于晓敏等（2016）通过对1998—2015年我国教学与科研关系研究的计量分析得出我国该领域主要研究视角与国际同类研究基本相似的结论。就教师研究视角来看，教师的个体感知、行为、教学评价与个体科研绩效等问题是主要关注点；就学科研究视角而言，已有研究对医院、经济管理、农学等学科开展过实证研究；从高校研究视角来看，研究聚焦于构建平衡教学与科研关系的管理制度。由此可以看出，研究者们对于如何加强教学与科研结合的研究关注较少。本书旨在研究如何加强教学与科研结合，顺应研究发展趋势，是对已有研究的有益补充。

第三，在GIS专业（学科）加强教学与科研结合具有必要性和适宜性。

GIS是典型的交叉学科，核心知识繁杂（DiBiase et al，2006；Wilson，2014），紧密联系应用（Wikle et al，2014），发展日新月异（Egenhofer et al，2016）。新地理学（neogeography）、大数据、云计算、移动位置服务等一系列新理论、新方法和新技术的出现已经颠覆了人们对传统GIS学科和行业的认知。互联网的发展使得我们处于知识和信息爆炸的时代，它从根本上改变了知识获取的方式，可能会出现学生比老师还懂得多的情况。从教师角度看，如果还停留在照本宣科、以不变应万变的教学方式，显然无法满足学生的需求，培养的学生也无法满足市场的需求；从学生角度看，被动地靠教师传输知识来学习难以深入掌握繁杂的知识，而通过研究来主动学习则有助于跟上学科发展的步伐，掌握新理论、新方法和新技术，为以后的继续深造或就业创业铺平道路。更进一步来讲，GIS学科并非基础学科，必然要从研究和应用中不断汲取营养才能发展下去，如果我们培养的学生都不会研究，不从事研究，那么学科消亡不可避免。由此可知，在GIS学科中加强教学与科研结合是必要的。

教学与科研不是在任何环境下都能结合、都易结合的，其结合受一些因素影响。这些因素主要包括（刘献君 等，2010b）：

（1）国家和社会的评价标准、资助政策等（Coate et al，2001；Brew，2010；付金会 等，2005；刘献君 等，2010b）。例如，国家对于大学的评价体制和资助政策使得大学和教师必须极力重视科研产出（刘献君 等，2010b）。

（2）学校和院系的制度、政策、文化等（Coate et al，2001；Brew，2006，2010；Leisyte et al，2009；Hu et al，2015；Smith et al，2012；Colbeck，1998；Deem et al，2007；吴洪富，2012；付金会 等，2005；徐颖，2011；张俊超 等，2009；刘献君 等，2010b；梁林梅，2010）。例如，职称晋升过于强调科研（刘献君 等，2010b；李克勤，2011）；课程与教学管理不完善，使得教师没有机会参与课程创新（张俊超 等，2009）。越能自由选择教学内容，有更大的自主性，那么教学与科研越容易结合（Colbeck，1998；Brew，2006）。

（3）学科性质（Neumann，1992；Colbeck，1998；Healey，2005b；Robertson，2007；Scott，2005；Jiang et al，2011；刘献君 等，2010b；梁林梅，2010）。Colbeck（1998）认为如果学科范式共识较低，具有扁平（非层次）的知识结构的学科更适于教学与科研结合。她发现软学科（英语）比硬学科（物理）更易于进行教学与科研结合。同样地，Healey（2005b）指出在硬学科（数学）中教授最新的研究成果比在软学科(历史)中要难。

(4)教师的意识、教育背景、年龄、经验、职称等(付金会 等,2005;张俊超 等,2009;Lai et al,2014;Hu et al,2015;刘献君 等,2010b)。例如,具有丰富科研经验的教师更倾向于将教学与科研结合(Hu et al,2015)。

(5)学生的感知、动机、能力以及否认同等(Neumann,1992;Robertson et al,2006;Brew,2010)。不同学科的学生对于研究的感知不同:物理学科的学生认为研究在实验室中发生,通常由教师完成;地理学科的学生认为研究发生在野外,通常由教师和学生完成;而英语学科的学生认为研究就发生在对话中,通常由教师和学生完成(Robertson et al,2006)。如果学生对教学与科研结合的课程的认同感高,那么必然会影响政策的制定,毕竟大学是为学生服务的。

观察上述因素,除了学科性质是较为客观的影响因素,其他因素均具有一定的主观性。例如,国家、社会和学校对教师的评价如果侧重于教学,在职称晋升和评奖中以教学为主,那么立刻会出现大家都重视教学的情况;再如,教师如果具有较强的研究能力,有强烈的意愿将科研融入教学,那么很容易做到教学与科研结合。所以这些因素可受主观控制。唯独学科性质不受主观意志影响或者说受主观意志影响较小,有些学科容易结合,如英语、地理,历史,有些学科不易结合,如数学、物理。

GIS学科非常适于加强教学与科研结合,原因有三:第一,学科知识的层次性不强,研究的门槛很低,这些有助于教学与科研结合。例如,多尺度表达(核心是地图综合)的研究与是否受过专业的地图制图训练没有太大关系,甚至连地图投影是什么都不用知道。早期将德洛奈(Delaunay)三角网运用于地图综合(Jones et al,1995)的学者Jones毕业于地质学专业,其博士期间在纽卡斯尔大学物理学院研究化石生长节律。将优化方法运用于地图综合(Ware et al,2003)的学者Ware,其专业是数学与计算机。基本上会编程就可以开始研究了,文献阅读、论文写作主要考验英语能力,也和GIS没有很大关系,不了解的专业术语和概念临时学一下都能掌握。所以GIS研究的门槛很低。第二,一些新涌现的课程,如智慧城市、导航与位置服务等本身就是伴随着研究产生的,课程内容基本上就是研究内容,教学与科研自然就结合在一起了。第三,即便是同一课程,如GIS学科的入门课程——地理信息系统,从教材来看,不同的学校侧重点不同(邬伦 等,2002;胡鹏 等,2002;汤国安,2007;黄杏元 等,2008;龚健雅,2013),更不用说上述新出现的课程,对于教学内容和教学方式存在异议,所以教师在设计课程时具有较强的自主性,这些都是教学与科研结合的促进因素。

第四,在教师层面研究加强教学与科研的理论与方法具有实用性,是落实"以本为本,四个回归"的具体行动。

教学与科研可以在国家教育系统层面,即大学层面、院系层面、学科层面、教师层面、课程层面结合(Jenkins,2000;李泽彧 等,2008;付金会 等,2005;Farcas et al,2017;吴洪富,2014b;Jenkins et al,2007;Healey et al,2009;Taylor,2007)。

为理顺教学与科研的关系,促进教学与科研结合,国内外学者提出了诸多有益的建议和策略(张楚廷,2003,刘献君 等,2010a;Healey et al,2009;Brew,2010;张俊超 等,2009;李克勤,2011;崔鹏,2014;张红兵,2018;徐颖,2011;李斐,2015;王保星,2011),例如刘献君等(2010a)认为不同高校要构建不同的教学与科研关系,改善教师发展制度,改革教师评价制度,张楚廷(2003)建议加强文化建设和熏陶,Brew(2010)提出应增加学生在课程中参与科研的机会。

然而,策略也好,文化也罢,最终的落脚点还是人。由人来实实在在执行政策,由人来具体进行文化建设。如果将教学与科研结合理解为教师一人要做好两项活动,成为教学科研双优教师,那么教师一人分饰两角,是教学活动和科研活动的载体,这里的教学和科研可以针对不同领域,例如教师可以教授C++语言课程,做地图综合研究;如果将教学与科研结合理解为教师教学生做科研,那么教师是学生的导师,起到指导、监督、顾问、榜样、支持者的作用;如果将教学与科研结合理解为在课程中融入科研元素,那么教师是课程的设计者和施教者,这里的教师就是传统意义上的教师;如果将教学与科研理解为用科研的方式研究教学,那么教师是进行教学研究的主体,这里教师研究教学中的各种现象和问题,并将教学研究成果反哺教学。由此可知,不论怎么理解教学与科研结合,教师都处于核心地位。那么研究教师如何做能加强教学与科研结合至关重要且具有实用价值。

综上所述,本研究是对国家需求和号召的积极响应,有助于落实立德树人这个高等教育的根本任务,是教师践行"以本为本、四个回归"的具体行动。它顺应研究发展趋势,是对已有研究的有益补充。

§1.3 文献分析与研究问题

1.3.1 指导本科生参与科研实践

本科生,尤其是没有任何科研经验的本科生通常会发现科研起步很难,需要指导(Tian,2017)。指导本科生以及与本科生一起进行科研是最纯粹的教学(Gentile,2000)。

指导没有统一的定义,不同学科定义不同,而且范围和深度也不同(Roberts,2000;Crisp et al,2009)。指导一个常用的定义是:有经验的、高阶的个体或群体教导学徒的过程(Blackwell,1989)。又如指导是一种在年轻或经验少的个体(学徒)与年长或经验丰富的个体(导师)之间的面向发展的关系(Jacobi,1991;Kram et al,1985;Rhodes,2005)。指导可以是正式的或非正式的、长期的或短期的,有规划的或自发的(Luna et al,1995)。指导与其他一些类似的概念有区别,如教学、监督、顾问，因为指导意味着一种强烈的关系(Johnson,2007)。

在本科生科研的语境下，对于学生而言，指导可以改善其技能，增加其学术成果，帮助学生应对困难，建立学术关系网，提高学生的自我效能，增加对学校的满意程度。同时，指导者具有榜样作用(Johnson et al,2007;Johnson,2007;Rhodes,2002,2005;Eby et al,2013)。对于导师(包括博士后、研究生)而言，指导有助于改善其沟通技巧，增强其教学能力，改善其职业发展，使其获得成就感和满足感(Pfund et al,2006;Johnson,2007;Johnson et al,2007;Dolan et al,2009;Weigel,2015;Hall et al,2018;Kram et al,1985;Russell et al,1997;Malachowski,2003)。

有效的指导对于本科生科研而言非常重要，是本科生科研能否成功的重要因素之一(Lopatto,2003;Kuh,2008;Russell et al,2007;Hunter et al,2007)。Russell等(2007)在有15 000名受访者参与的关于本科生科研益处的研究中发现：针对如何改善本科生科研经历，受访学生普遍反映要增加有效的指导。本科生在参与科研中的收获取决于指导的质量(Howitt et al,2010)。

针对如何进行有效/高质量的指导，有一些原则和建议可以采纳：

(1)建立良好的师生关系。与学生多接触，多花时间在学生身上，熟悉学生的知识水平和层次，监测指导过程并及时提供反馈，做到平易近人，有时间与学生交流(Fitzsimmons,1990;Mabrouk et al,2000;Shellito et al,2001;Lopatto,2003;Gafney,2005;Shore,2005;Howitt et al,2010;Eby et al,2013;Cornelius et al,2016;Del Rio et al,2018)。

(2)设计好的项目。项目要设立明确的目标和期望，顾及本科生的知识背景和层次，易于其利用掌握的技能在有限时间内取得进展等(Laursen et al,2010;Howitt et al,2010)。

(3)匹配。根据经历、个性、兴趣、性别、种族等的相似性对导师和学徒进行匹配，有助于提高指导效果和情感支持，此外，还有必要依据学生的兴趣能力与项目要求相匹配的原则设计指导项目(Finkelstein et al,2003;Johnson,2007;Eby et al,2013)。另外，针对如何进行有效/高质量的指导，有一些成功的案例和经验可以借鉴(王根顺 等,2008;Cen et al,2014;Kinkead et al,2012; Kuh,2008; Shanahan et al,2015;Walkington et al,2019;Wang et al,2008)。

Shanahan等(2015)通过对过去20年关于本科生科研的文献综述，总结了10条有效指导的实践经验，如表1.4(Shanahan et al,2015)所示。

表1.4 本科生科研有效指导的十条实践经验

序号	经验
1	进行战略性的规划，应对学生在研究过程中多变的需要
2	为本科生研究者设定明确的、架构良好的期望
3	传授技能、方法以及学科研究技巧
4	在提出较高期望的同时，提供情感支持并为学生个人利益着想

续表

序号	经验
5	在本科生和导师(包括研究生、博士后以及其他研究团队成员)间建立社群
6	投入时间进行一对一、手把手的指导
7	随着时间的推移,增加学生对项目的掌控,使学生成为主导者
8	帮助学生建立学术关系网,解释学科规范,从而支持学生的专业发展
9	有意识地创造阶梯式的机会,向同行或接近同行的人介绍学习指导技巧,为更多本科生提供学术机会
10	鼓励学生分享他们的研究,指导学生通过口头报告、海报展示以及书面形式进行有效交流

尽管上述原则、案例和经验可供参考和模仿,然而可操作性不强,某些原则可认为是一些常识,甚至不用进行研究。例如,想让学生获得成功不能指望每个学生天赋异禀,肯定要关心学生,多与学生接触。那么如何关心学生,接触时间多长算长?难道要每天陪读吗?即便是陪读,仅仅陪读就够了吗?如果是这样,那么直接让家长陪读就可以了,为什么还需要导师?所以关键问题是导师具体如何做,怎么教学生进行科学研究,怎么教学生应对挫折和困难。

在早期的两篇综述后(Jacobi,1991;Crisp et al,2009),Gershenfeld(2014)对2008—2012年的20项本科生指导项目的综述后发现,这些研究在本科生指导的定义、理论和方法方面没有显著进步。Linn等(2015)对过去5年的60项相关研究的综述也指出,指导本科生的最优方法仍未确定。在GIS以及其父类学科地理学领域,虽然有一些本科生科研实践的案例(Buxeda et al,2000;Cantor et al,2015;Chen,2002;Newnham,1997;Polsky et al,2007;Ricker,2006;Yarnal et al,2007;潘竟虎,2015;郭明强 等,2017),但是对于如何指导GIS专业本科生参与科研实践的具体方法关注很少。

导师的作用至关重要(Linn et al,2015;Brew et al,2017),那么导师应该如何指导本科生参与科研实践呢?这是本书试图回答的第一个问题。

1.3.2 将科研融入课程

一提到教学与科研结合,人们首先想到的是在课程中融入科研元素。课程处于教学与科研结合的中心位置(Healey et al,2006;Turner et al,2008;Shin,2011)。与课外的一些提供科研实践的途径相比,课程面向所有选课的学生,而并非是少量优秀的学生,受益面广(Kuh,2008;Healey et al,2009)。

早在1998年,美国的Boyer委员会就建议将研究作为课程的常规部分,尽早引入探究式学习(Boyer Commission,1998)。Handelsman等(2004)认为本科阶段的科学教学应该弱化传输式的上课和样板化的实验,转而为学生提供正宗的、基于探究的科研机会。英国和澳大利亚的学者 Jenkins、Healey 等提出了一系列在课程以及学位项目中连接教学与科研的策略(Jenkins et al,2003,2007;Healey et al,2006,2009),这些策略包括:

(1)培养学生对研究在其学科中的作用的理解。将学科的研究进展融入课程;培养学生对研究与知识创造的本质的认识;发展学生从教师研究中学习的意识;帮助学生理解如何组织和资助研究。

(2)培养学生进行研究的能力。让学生的学习方式模仿研究过程;仿照研究评价的方式评价学生,如在提交课程论文前由学生按照期刊标准先行互评;提供相关研究技能的训练;确保学生在课程中能做科研项目,并能循序渐进地过渡到更大规模、更复杂、存在更多不确定性的项目;让学生参与研究;培养学生向学科社群交流和展示他们研究成果的能力。

(3)逐步加深学生的理解。确保入门课程能引导学生进入研究角色;确保高阶课程能培养学生对于研究的理解,逐步培养开展研究的能力;确保毕业年级课程需要学生进行一项研究,并帮助他们整合关于研究在学科中作用的理解。

(4)管理学生的科研经历。限制教师参与研究给学生带来的负面影响,尤其是教师休假或离校期间的学生科研经历;评估学生的科研经历,并反馈至课程;明确研究对于就业能力的好处,这一点对拟就业及不理解基于研究的教学方法的价值的学生尤为重要。

Zamorski(2002)在研究导向的教学项目中发现了 5 种模式,包括从近期的研究中学习、理解知识和研究间的复杂关系、发展各种研究技巧、学习研究方法和技能、参与科研活动或科研项目。余秀兰(2008)对我国 8 所一流研究型大学的 60 名教授和 14 名教学管理者进行访谈后得出研究性教学包含的元素:要把科研的思路带进课堂;要把最新的科研成果带进课堂;在教学方法上,常常采用讨论的方法,注重同学之间、师生之间的交流,还鼓励学生把自己讨论、研究的东西整理成论文发表;要能激发学生的学习和研究兴趣。刘献君等(2010a)在对双优教师的访谈中,发现了一些加强教学与科研关系的经验:在实验室与课堂中教学生做科研,在课堂中讲述著名学者的研究经历和轶事或者自身的研究经历与体验;让本科生分组设计并实施科研计划,通过科研过程进行学习;围绕某个主题,教师和学生共同探讨;把自己的研究成果作为课堂学习和讨论的材料;教授本学科领域当前的研究成果,在课堂上讨论研究观点、结论,并尽量把这些最新的研究放到学术史中进行分析,进行学科研究方法、技术与技巧的教学;等等。Visser-Wijnveen 等(2010)通过对荷兰莱顿(Leiden)大学 30 名学者关于教学与科研结合的理想蓝图的调查得出 5 个剖面:讲授研究成果,使研究广为人知,展示成为一名研究人员意味着什么,帮助学生进行研究,提供研究经历。其他一些研究也是类似结果(Turner et al,2008;Visser-Wijnveen et al,2012;Farcas et al,2017)。

前人的研究为我们指明了方向，提供了实用的策略和宝贵的经验。设计教学与科研结合的课程或者说研究性教学就是要将研究的方方面面融入课程中，介绍学科的研究成果和研究趋势，使学生了解所学知识与研究的关系，教授研究技能，培养科研素养，提供科研机会，这是总的原则和方针。

除此之外，还有一些维度需要考虑(Griffths, 2004; Healey, 2005a; Castley, 2006; Visser-Wijnveen et al, 2010)，这些维度决定了课程的具体内容和讲授形式。

强连接与弱连接：强连接表现为科研元素与课程内容深度融合，如讲述专业知识是如何通过研究产生，学生参与研究；而弱连接可以理解为教师在课程中简单介绍科研成果。

特定与一般：特定指围绕某个特定的研究问题(项目)或教师正在研究的问题(项目)，而一般则指针对某一学科，或者通识的研究方法或知识产生过程。

学生作为听众与学生作为参与者：学生作为听众，那么仍然是教师以传统的、正向传输的方式讲授课程，而学生作为参与者，则强调学生的主动学习，多采用探究式(inquiry-based learning)，基于问题的(problem-based learning)或基于项目的学习(project-based learning)方式组织课程(Livingstone et al, 2002; Hanson et al, 2003; Buckley et al, 2004; Drennon, 2005; Pawson et al, 2006; Dengler, 2008; Scheyvens et al, 2008; Spronken-Smith et al, 2008a; Healey et al, 2009; Spronke-Smith et al, 2009a, 2009b; Read, 2010; Walkington et al, 2011; Mountrakis et al, 2012; Bowlick et al, 2016)，学生可以讨论文献，自己动手做研究，也可以在教师的帮助下做研究。这一维度还决定了教师讲授部分和学生研究部分的比例。

研究结果与研究过程：强调研究结果仍然是介绍教师自己或他人的研究成果，强调研究过程则是教授研究技能，复现已有研究，展示研究过程。

将科研融入课程的主要目的是使学生能够进行研究，并不是仅仅停留在了解研究进展或者意识到研究的存在和作用，所以在此类课程中，学生研究的部分非常重要，课程应尽可能地为学生提供科研机会(Horta et al, 2012; Turner et al, 2008)。学生研究的部分可以是参与教师的研究，也可以是学生自己通过阅读文献发现的问题，还可以是生产实际中的问题(Zimbardi et al, 2014)。既可以独立完成，也可以在教师的指导下完成。既可以是课程考试，也可以是课后作业。同样地，即使是教授科研方法类的课程，学者也建议运用主动学习的方法让学生暴露在科研方法中(Earley, 2014)。

当然，将科研融入课程也存在一些问题，例如：课程中教师可能会过分强调自己的研究，而忽略了课程本身应该教授的内容(Jenkins et al, 1998; Farcas et al, 2017)；研究与课程不兼容(Duff et al, 2017)；在本科阶段，一些尖端和前沿的研究不易与课程内容相结合(Shin, 2011)。

即便如此，将科研融入课程或者说研究性教学利大于弊，值得推广。那么，教师如何设计课程能使学生了解科研、学习科研方法并进行科研实践,是本书所关注的第二个问题。

1.3.3 进行教学研究

教学研究是教师运用科学的理论和方法,有目的、有计划、有组织地对教学中的问题进行研究,以解决教学中的问题,揭示教学规律,为提高教学质量提供理论依据和实践指导(袁维新,2008)。简言之,教学研究是将教学的方方面面作为研究对象,按照科学研究的要求进行研究,显然它是教学与科研结合的典型方式之一,也是教师加强教学与科研结合的主要策略之一(Prince et al,2007;刘献君 等,2010a)。

对于学校,教学研究的成果,如教学论文,可作为教学质量评价的重要指标和有利证据,这样一来,教学就能和科研一样进行客观的评价,而不用再依赖师生比或者学生评价这些说服力不强的指标(Shulman,2000)。教学研究的成果可以促进整体课程体系的更新、教学理念和人才培养模式的创新等。

对于学科,有证据表明在美国和英国地理学是教学创新的主要学科之一(Healey,2000)。地理学具有交叉学科的性质,与学生接触密切,能够建立广泛的学习场景,如野外、实验室,这些都有助于研究地理教育。更进一步,作为地理教育者,讲授地理与研究地理同等重要(Hill et al,2018)。教学研究对于地理学科的发展很重要。GIS学科旨在理解地理过程、关系与模式,涉及地理学、统计学、计算机学、地图学、经济学、政治学(Mark et al,2004;Goodchild,2010),在地理学中扮演重要角色,并且相关专业通常在地理系开设(Goodchild,2004;Haklay,2012;Murayama,2000)。

对于教师,非教育学专业的教师具有双专业特性(Shulman,2000),一方面要求教师掌握所在专业的知识,如地图学,另一方面要求教师掌握如何教学的知识,实际的教学过程要求把这两种知识结合起来。认为教师掌握专业知识就等于学会了教学的观念是错误的(王建华,2007;Shulman,2000),这就要求教师进行教学研究(彭春妹,2010;刘振天,2017)。

对于学生,假定教师能够提出新的教学方法并应用于教学,对该方法改善学生学习的效果进行分析和评估,形成可行的教学方法并公开发表,被其他教师应用,那么我们有理由相信该教学方法可以改善学生学习(Prince et al,2007)。在对教学问题的研究中,教师形成了思想和对策建议,化为了教师教学实践的支撑,同时也能为其他教师所用(姚利民 等,2006;袁维新,2008;Shulman,2000)。Brew 等(2008)证实了教学研究与学生课程感受具有显著关系,建议加强教学研究。

教学研究属于教学学术(scholarship of teaching and learning,SoTL)的范畴。Boyer 认为除了探究的学术、整合的学术与应用的学术之外,还有一种通过咨询或教学来传授知识的学术,即传播知识的学术(Boyer Commission,1998;王建华,2007)。从 Boyer 研究型大学本科生教育委员会 1998 年提出并经过 20 多年的发展(Gurung et al,2010;王玉衡,2005,2006),教学学术逐渐发展成具有多学科研究语境的行动、反思、政策研究,从课堂、课程、院校、国家、国际等层次促进教学(Hubball et al,2013;Fanghanel et al,2016)。教学学术对教师发展至关重要(姚利民 等,2006;时伟,2007;王建华,2007;王贵林,2012;袁维新,2008;侯定凯,2010)。虽然SoTL内涵丰富,不同的人有不同的理解(Trigwell et al,2000;Kreber,2002;Fanghanel et al,2016),但是SoTL研究的质量是学界关心的问题。Healey(2000)提出需要发展教育方式、研究方式和有关教学的撰稿方式的学术方法。Felton提出了5条SoTL优秀实践的原则,即聚焦于学生学习的探究、扎根于上下文、方法合理可靠、与学生合作、适当公开。根据Diamond(1993)所提的学术研究的特性,Kreber等(2000)提出了评价SoTL学术表现的6条准则,即高水平的专业特长、创新、可复现或详述的知识、对工作的记载、对作品的同行评议、作品的意义与影响。因此很多学者认为SoTL实践需要经过同行评议后形成面向大众的产出以供交流、评估和批判(王建华,2007;侯定凯,2010;Shulman,1993;Kreber et al,2000;Pan,2009;Gurung et al,2010)。既然形成了产出,那么可借由评价产出来评价SoTL,而发表论文是教学成果公开化的和教学研究的主要产出之一。Maurer(2011)曾提到该领域文章的一个普遍问题是缺乏严谨的方法,建议文章作者将自身研究建立在相关理论之上,从理论出发提出假设,确保研究具有合理可靠的方法,尝试使用对照组和实验设计,报道统计信息时使用效应量(effect size),在所提出的假设的语境下解释结果,并讨论研究的局限性。

本书认为教学研究应该扩展至教育研究,而非仅指狭义的教学研究(特别是认为教学等于上课)。学生经验、国际化、招生就业、质量评价、专业认证、职业发展这些议题也都与教学息息相关。同时,本书认为教学研究也不应局限于高等教育,在GIS中有很多研究都是关于中小学教育的。

我国在教育学领域国际期刊发文的情况如何呢?一些学者进行了有益的探索。李硕豪等(2015)对13种SSCI期刊2010—2014年发表论文情况进行了量化分析,研究表明我国高等教育研究的国际化程度有待提高。同样地,王中晶等(2015)分析了2007—2013年科学引文索引(Science Citation Index,SCI)、社会科学引文索引(Social Sciences Citation Index,SSCI)和艺术人文引文索引(Arts & Humanities Citation Index,A&HCI)数据库中收录的我国教育学国际期刊论文的研究主题,指出高等教育是我国教育学国际发文研究的潜在主题。Liu等(2019)统计了2010—2017年发表在15本SSCI检索的高等教育期刊,中国第一单位的仅有203篇,而美国为1 256篇,澳大利亚和英国分别为784篇和705篇。潘云涛等(2020)的分析指出,2018年在教育类SSCI期刊上中国学者发文量为1 888篇,然而该出版年内SSCI教育类243本期刊总发文量为11 502篇,占比16.4%,且该统计不区分作者及单位排序。尽管在数量上有了长足进展,但是仍然偏少。

根据2020年6月发布的SSCI教育类2019年影响因子前10名以及高等教育(期刊名称中明确出现“高等教育”)影响因子前10名的期刊，我们统计了这些期刊近5个出版年内(2015年1月—2019年12月)所有署名单位中包含中国科研院校(不要求第一单位)、类型为文章和综述的发文情况，结果如表1.5、表1.6所示。

表1.5 中国科研院校在教育类影响因子前10名期刊发文情况

排名	2019年影响因子	期刊	近5年发文量/篇	近5年中国发文量/篇	近5年中国发文量占比/%
1	8.327	*Review of Educational Research*	134	5	3.7
2	6.962	*Educational Research Review*	126	15	11.9
3	6.566	*Internet and Higher Education*	146	22	15.1
4	5.296	*Computers and Education*	955	234	24.5
5	5.013	*American Educational Research Journal*	263	6	2.3
6	4.667	*Review of Research in Education*	81	0	0.0
7	4.475	*Educational Psychologist*	103	3	2.9
8	4.058	*Academy of Management Learning & Education*	145	3	2.1
9	4.028	*International Journal of Computer-Supported Collaborative Learning*	79	9	11.4
10	3.87	*Journal of Research in Science Teaching*	302	10	3.3
合计			2 334	307	13.2

表1.6 中国科研院校在高等教育影响因子前10名期刊发文情况

排名	2019年影响因子	期刊	近5年发文量/篇	近5年中国发文量/篇	近5年中国发文量占比/%
3	6.566	*Internet and Higher Education*	146	22	15.1
26	3.118	*Active Learning in Higher Education*	83	5	6.0
27	3.08	*International Journal of Educational Technology in Higher Education*	166	3	1.8
30	3	*Studies in Higher Education*	702	40	5.7
33	2.856	*Higher Education*	576	57	9.9
45	2.545	*Review of Higher Education*	169	5	3.0
53	2.375	*Journal of Marketing for Higher Education*	73	4	5.5
56	2.32	*Assessment and Evaluation in Higher Education*	460	56	12.2
60	2.271	*Journal of Computing in Higher Education*	109	6	5.5
68	2.205	*Research in Higher Education*	208	7	3.4
合计			2 692	205	7.6

在这两组期刊中，我国发文量平均占比仅为13.2%和7.6%，发文量超过

10%的期刊为 *Educational Research Review*、*Internet and Higher Education*、*Computers and Education*、*International Journal of Computer-Supported Collaborative Learning*、*Assessment and Evaluation in Higher Education*。进一步分析这些期刊中的论文,发现其作者单位多数位于我国港澳台地区,可见其他31个省区市在教育学领域的高水平期刊上发文数量仍有待提高(表1.7)。

表1.7 中国学者发文量较高的教育期刊论文作者单位地区构成 单位:篇

期刊	中国学者发文总量	31个省区市单位参与论文数	香港单位参与论文数	澳门单位参与论文数	台湾单位参与论文数
Educational Research Review	15	3 (20%)	6 (40%)	2 (13%)	6 (40%)
Internet and Higher Education	22	13 (59%)	6 (27%)	0 (0%)	4 (18%)
Computers and Education	234	45 (19%)	35 (15%)	7 (3%)	164 (70%)
International Journal of Computer-Supported Collaborative Learning	9	3 (33%)	6 (67%)	0 (0%)	2 (22%)
Assessment and Evaluation in Higher Education	56	28 (50%)	30 (54%)	6 (11%)	6 (11%)
合计	336	92 (27%)	83 (25%)	15 (4%)	182 (54%)

注:因存在部分合作论文,占比之和略高于100%。

根据已有研究和我们的调查可知,虽然我们的教育学领域取得了一些成就,但是还有较大的提升空间。根据英国Quacquarelli Symonds有限公司和上海软科教育信息咨询有限公司(简称"软科")发布的高校学科排名,仅有6所31个省区市的高校入围QS的2021年世界大学教育学科排[1]前300位,其中北京师范大学排名第24,北京大学排名第57,华东师范大学和清华大学位于101至150名区间,浙江大学位于201至250名区间,武汉大学位于301至350名区间。同时,只有6所31个省区市的高校入选软科2020年世界一流学科教育学排名[2]前500位,分别是北京师范大学(101至150名)、华中师范大学(201至300名)、华东师范大学(201至300名)、上海交通大学(401至500名)、西南大学(401至500名)、中山大学(401至500名)。

高等教育研究具有多学科和开放获取的特性(Harland,2012;Tight,2013)。Harland(2012)曾总结过进行高等教育研究的7类群体。简而言之可归结为两类研究人员:教育学相关专业的人员和非教育学专业的人员。推广到教育学,其实也是如此,虽然有一批教育学专业的学者在努力钻研,然而其他非教育专业的教师也应该投入教育研究中,这是提升我国教育学地位的重要手段。那么,对于非教育学专业的教师,如何进行教育研究是本书试图回答的第三个问题。

[1] https://www.topuniversities.com/university-rankings/university-subject-rankings/2021/education-training.

[2] https://www.shanghairanking.cn/rankings/gras/2020/RS0506.

第2章 指导本科生参与科研实践

指导本科生参与科研实践对本科生及其导师均有益处，如何指导本科生是关键问题(Linn et al,2015)。本科生，尤其是没有科研经验的本科生，刚参与科研时通常会感觉无从下手，通过手把手的方式教授其如何做研究是一种可行的解决方案。学徒制恰好满足这种需求，学徒在导师的指导下进行正宗的研究，并从实践中学习如何做研究。学徒制是传统课堂外的一种常用的教学模型(Sadler et al,2010)。本章提出融合指导功能与指导方式的学徒模型，为如何指导本科生提供系统的解决方案。

§2.1 理论基础

2.1.1 指导的概念

“指导”(mentoring)一词在不同的上下文以及不同领域有超过50种的定义(Roberts,2000;Crisp et al,2009)。广义地说，即经验丰富的、高阶的人对作为学生的人的说明、建议、引导和帮助(Blackwell,1989)。由于没有统一的定义且各种定义存在不一致的情况，从实用的角度阐述“指导”具有的功能更加适宜。Nora等(2007)通过文献分析发现4个构成“指导”的潜在要素，包括：心理/情感支持、目标设定与职业规划、学术知识支持和角色模型。心理/情感支持关注对学生心理和情感方面的支持，如倾听、给予鼓励以及相互理解。目标设定与职业规划通过评估学生的优势和劣势，结合学生的兴趣点来帮助学生设定合理的学术或职业目标。学术知识支持聚焦于教授学生所需的专业技能和专业知识，偏重于学术领域而非生活领域。角色模型是指导者向被指导者分享现在以及过去的成功和失败的经验。Nora等(2007)通过调查和因子分析建议在指导本科生时着重考虑前三点要素。

除了上述指导功能外，指导方式同样重要。Houser等(2013)首次引入Lewin等(1939)定义的三种管理方式，对指导方式进行了分类。专制方式意为指导者确定研究的方向，对研究的问题和过程进行清晰的定义，被指导者作为执行者进行研究；民主方式指与学生进行交流，考查学生的思路并给予建议，学生以自己的思路进行研究；自由方式即让学生独立研究。Houser等(2013)的研究表明运用专制方式取得的成果最多而自由方式的成果最少。这是很显然的，因为本科生的知识以及层次还达不到研究生或者独立研究者的水平，如果导师不给予足够的支持，学生很容易由于找不到方向或者不知如何进行研究而放弃。有足够时间指导学生以及给予学生充分指导被认为是重要的(Behar-Horenstein et al,2010;Hunter et al,2007)。

2.1.2　学徒制

学徒制(apprenticeship)是一种以师徒方式培训专业工人的传统制度(苑茜等,2000)。而教育学中的学徒制则涉及学习者在实际物理环境中的练习(Pratt,1998)。概念性和事实性的知识很容易通过记忆学习,然而对于需要综合各种知识和技能的问题求解,不太容易学习,这也是学徒制重要的原因。学徒制的基本思路是在一个学习场景中,学徒能够重复观察导师如何做,然后在导师的指导下做,当学徒逐步掌握如何做之后,导师减少参与,仅仅给出提示或反馈意见,学徒最终精通如何做。

在学徒制的发展历史上,具有里程碑意义的研究是 Collins 等(1988)提出的认知学徒制。与传统的学徒制相比,认知学徒制不仅要指导学徒如何完成任务,而且强调要向学徒展现指导者在完成任务时是如何思考的。认知学徒制包含建模、训练、支撑、渐隐、表述、反思、探索等教学方法。建模是指学生通过观察专家执行一项任务的过程,建立完成该任务的必需过程的概念模型;训练指教师观察学生执行一项任务,并给予提示、支持、反馈、示范、提醒,以及能使学生表现与专家表现接近的新任务;支撑指学生执行一项任务时教师给予支持的教学方式,教师执行整个任务中学生无法完成的部分,在这个过程中包含了教师和学生合作解决问题的努力,同时尽量让学生多承担任务;渐隐指逐渐减少对学生的支持直到学生可以靠自己完成任务;表述包含任何能让学生清晰表达知识、推理和问题求解过程的方法;反思指通过让学生将自己的问题求解过程与专家、其他学生去比较,最终形成对专门知识或技能的内部认知;探索指让学生能自己解决问题,其目的是找到学生感兴趣的任务,在学生掌握基本探究技能后交给学生自己解决(Collins et al,1988)。

Glazer等(2006)提出了针对教师职业发展的合作学徒模型,该模型包括介绍阶段、发展阶段、熟练阶段和精通阶段,很好地描述了学徒从导师身上学习到学徒成长为导师这一过程。

2.1.3　情境学习

情境学习(situated learning)理论由 Lave 等(1991)提出,基本思想是个体在知识应用的上下文中获得专业技能,关注学习及其所处的社会情境之间的关系。该理论描述了初学者如何发展成一个实践共同体的成员。实践共同体(community of practice,COP),又称实践社群,是该理论的核心概念之一,已有超过 30 年的历史(Tight,2015),它是人、活动和世界之间的关系系统,随着时间与其他不相关或有重叠关系的实践共同体发展(Lave et al,1991;Tight,2015)。Wenger(1998)将实践共同体定义为一群对自身所做事务有共同关心或热情的人,他们在定期互动过程中学习如何做得更好。Tight(2015)将其定义为一种智力发展形式,它使得其成员能够结构化他们的经历。根据《教育学名词》,实践共同体指一领域或同一情境中的人,基于共同愿望或共同目标而自发聚集起来,一起分享知识和经验,共同参与学习和实践活动的群体。实践共同体营造了一种共同学习的氛围(Speake,2015),对学生学习很有帮助(Naude et al,2015),它提供了一种情境的和参与式的学习,是常规教育的有益补充(Tate et al,2017)。

在实践共同体中,合法边缘参与(legitimate peripheral participation,LPP)是新手向老手学习并融入群体的方式。这一过程中,新手经老手接纳加入共同体("合法"),从简单低风险的任务("边缘")开始,熟悉共同体中从业者的任务、交流手段、组织原则,最终成为老手,胜任维持共同体运转的核心(Floding et al,2011)。合法边缘参与为新手提供了从新成员变成核心成员的机会和途径。

§2.2 融合指导功能与指导方式的学徒模型

2.2.1 基本思路

在一个由导师和本科生组成的研究团队中,一开始导师处于积极的和领导的角色,手把手传授如何进行科学研究;本科生通过学习之后与导师或其他本科生进行合作,完成新的研究;接着本科生独立完成新的研究,导师给予反馈意见;最后有经验的本科生变成了新的导师对新加入研究团队的本科生进行指导。在这个过程中,本科生从研究团队的边缘移动到了研究团队的中心。可将本科生看作学徒,将研究团队看作实践共同体,研究团队具有实践共同体的三个关键特征,即研究团队成员对学科中的某些研究问题感兴趣,他们通过合作与互助解决研究问题,研究团队共享各类资源,包括经验、获取的数据、各类工具等。本科生从新手变成研究团队核心成员的过程可看作合法边缘参与。本科生刚进入研究团队仅能做一些基本的数据获取和处理工作,学习一段时间后,他们做的事情将变成方法设计与实验,等他们掌握如何研究并能进行研究之后,他们将指导新加入研究团队的本科生。上述描述与情境学习的核心思想基本一致。

2.2.2 模　型

在介绍本书提出的学徒模型前,根据导师和学生在研究中谁占据主导,借用Spronken-Smith等(2010)定义探究式学习类型的名称,重新定义指导方式。结构型指导是导师设计和实现问题解决方案,学生作为导师的辅助,是一种导师命令、学生执行的方式；导向型指导是导师和学生合作，共同拟订解决方案的设计和实现，是一种导师和学生讨论达成共识的方式；开放型指导是学生独立设计和实现问题解决方案，导师给予评价和建议，是一种学生为主、导师为辅的方式。

基于前人的研究(Collins et al,1988；Lave et al,1991；Glazer et al,2006；Hunter et al,2007)，本书提出融合指导方式和指导功能的学徒模型，如图2.1所示。

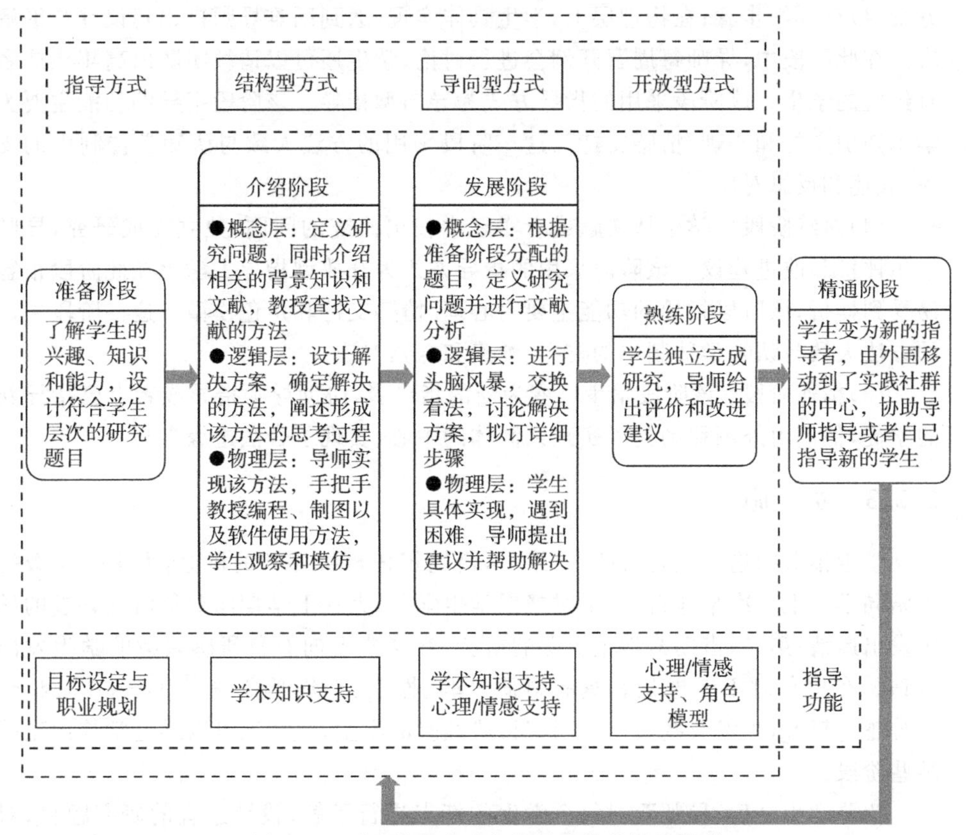

图2.1　融合指导方式与指导功能的学徒模型

该模型包括5个阶段：

(1)准备阶段。根据学生的兴趣、知识和能力分配研究问题，对学生进行分组，组内人员的数量不定，一般2～3人。设计符合学生层次的研究问题很重要，可以使其快速上手并且能在短期内取得成效(Hunter et al,2007)。该阶段的指导方式为导向型指导，该阶段指导的功能主要为目标设定与职业规划。

(2)介绍阶段。引入计算机科学的问题求解方法，导师通过说明、小范围上课以及逐步解释来讲授问题求解方法。在概念层定义问题，明确需要解决的问题，介绍相关的背景知识和文献，教授查找文献的方法；在逻辑层设计解决方案，确定解决的方法；在物理层具体实现，教授具体的编程、制图以及软件使用方法。其间着重告诉学生如何思考，并手把手传授技能。该阶段采用的指导方式为结构型指导。该阶段指导的功能主要为学术知识支持。这一阶段采用的方法大致与认知学徒制中的建模、训练、表述和反思对应。

(3)发展阶段。导师和学生合作，针对准备阶段分配的研究问题，查阅文献进行现状分析，在概念层上定义问题；在逻辑层上进行头脑风暴，交换看法，讨论解决方案，拟订详细步骤；在物理层上，学生具体实现，遇到困难导师提出建议并帮助解决。在此阶段中，导师每周召开例会进行讨论，学生还可以请教团队内高年级或者有经验的学生。该阶段采用的指导方式为导向型指导。该阶段指导的功能主要为学术知识支持和心理/情感支持。这一阶段采用的方法大致与认知学徒制中的支撑、表述和反思对应。

(4)熟练阶段。学生从文献或者实践中找出研究的问题，独立完成研究，导师给出评价和改进建议。该阶段采用的指导方式为开放型指导。学生在此阶段很容易受到挫折，该阶段指导的功能主要为心理/情感支持和角色模型。这一阶段采用的方法大致与认知学徒制中的支撑、渐隐和探索对应。

(5)精通阶段。该阶段学生已变为新的指导者，协助导师指导或者自己指导新的学徒，他们由外围移动到了实践共同体的中心，实现了合法边缘参与。

2.2.3 实　施

学生招募的途径主要有两个：第一，借助担任班级导师的机会，大学一年级每周陪同学生上一次集体自习，平时督促学生学习，大一下学期向对科研感兴趣的学生发出邀请；第二，借助给学生上课的机会，在课堂上向对科研感兴趣的学生发出邀请。在招募时不考虑是否具有科研经验、性别、平均学分绩点(GPA)等因素。招募越早越好，当然有些大三大四有科研经验的学生，视情况可以跳过学徒模型的某些阶段。

招募学生之后，导师要对每个学生的特点进行了解，设计适宜的研究题目，对于没有经验的学生可以安排选题，对于有科研经验的学生可以让其自主设计题目。每周要开例会，周末要进行进展汇报和总结，同时建立QQ群，及时为学生排忧解难。总而言之，就是多与学生交流。

一般而言，学生前半年处于介绍阶段，接着是发展阶段。有了第一个研究成果之后，学生进入熟练阶段。一旦学生能够独立完成一篇论文，他们就能进入精通阶段并开始指导其他学生。学生处于每个阶段的时间取决于其能力，所以没有统一的时长，能力强的学生可能很快进入熟练阶段甚至精通阶段，帮助导师指导其他学生。如果学生有科研经验，可直接进入熟练阶段。

对学生进行指导直至其完成本科学位论文，让其申报双创项目，撰写论文，参加学科竞赛，参加学术会议，最后顺理成章完成学位论文，这与范讯等(2015)、朱郴韦等(2016)的做法不谋而合,也与博士生培养的模式类似。本科毕业之后继续读研的学生可帮助导师指导其他新招募的本科生。

在实施的过程中,教师要特别注意的问题是一定要高标准、严要求,指导学生做真正的研究,最后能发表成果,Walkinton 等(2019)对获奖名师的采访中提到了类似观点。虽然不是为了发表论文而发表论文,但是仍然要尽可能发表,否则学生会认为是自己或者导师能力不行。

§2.3　指导结果

本书作者之一的田晶对 40 余名武汉大学地理信息科学相关专业的本科生进行了指导。初期招募的均为大三大四的学生,有一定研究基础,在准备阶段之后直接进入了发展阶段,之后招募到了大一和大二的学生。考虑到从开始研究到出版成果往往经历一个较长的周期,特别是国际期刊的论文,所以论文、专著和软件,以开始该研究时学生是否为本科生来统计,学位论文获奖和学科竞赛要求必须是本科生,所以没有异议。指导取得以下成果:发表论文 39 篇,其中,SCI/SSCI 收录 10 篇(表 2.1),工程索引(Engineering Index,EI)收录 24 篇;出版专著 2 部(表 2.2);获得湖北省优秀学士学位论文 3 项,武汉大学优秀学士学位论文 3 项(表 2.3);参加"超图杯"全国高校 GIS 大赛获得一等奖 3 项、二等奖 6 项、三等奖 1 项;参加会议论文竞赛获得二等奖 2 项;获批国家级创新创业项目 2 项(表 2.4);获得软件著作权登记 4 项;出国留学 6 人(表 2.5)。

表 2.1　部分论文成果

论文作者	论文标题	发表年份	刊名	卷(期)号	页码	期刊类别
Mengting YU(2013 级本科生余梦婷), Yimin HUANG(2013 级本科生黄怡敏), Xueping CHENG(2014 级本科生程雪萍), Jing TIAN*	An ArcMap plug-in for calculating landscape metrics of vector data	2019	*Ecological Informatics*	50	207—219	SCI
Jing TIAN, Mengting YU(2013 级本科生余梦婷), Chang REN*(2012 级本科生任畅), Yingzhe LEI(2012 级本科生雷英哲)	Network-scape metric analysis: a new approach for the pattern analysis of urban road networks	2019	*International Journal of Geographical Information Science*	33(3)	537—566	SCI/SSCI

续表

论文作者	论文标题	发表年份	刊名	卷(期)号	页码	期刊类别
Zhiwei YAN(2013级本科生颜之玮), Jing TIAN*, Chang REN (2012级本科生任畅), Fuquan XIONG (2011级本科生熊富全)	Mining Co-Location Patterns of Hotels with the Q Statistic	2018	*Applied Spatial Analysis and Policy*	11(3)	623—639	SSCI
Jing TIAN, Huaqiang FANG (2012级本科生方华强), Yiheng WANG (2012级本科生王一恒), Chang REN* (2012级本科生任畅)	On the degree correlation of urban road networks	2018	*Transactions in GIS*	22(1)	119—148	SSCI
Yiheng WANG (2012级本科生王一恒), Jing TIAN*, Mengting YU(2013级本科生余梦婷), Chang REN(2012级本科生任畅), Xiaohuan WU (2013级本科生武晓环)	GEN _ MAT: A MATLAB-based Map Generalization Algorithm Toolbox	2017	*Transactions in GIS*	21(6)	1391—1411	SSCI
Mengjie ZHOU, Jing TIAN*, Fuquan XIONG (2011级本科生熊富全), Rui WANG (2012级本科生王睿)	Point grid map: a new type of thematic map for statistical data associated with geographic points	2017	*Cartography and Geographic Information Science*	44(5)	374—389	SSCI
Mengjie ZHOU, Rui WANG (2012级本科生王睿), Shumin MAI (2013级本科生买淑敏), Jing TIAN*	Spatial and temporal patterns of air quality in the three economic zones of China	2016	*Journal of Maps*	12(S1)	156—162	SCI/SSCI
Jing TIAN, Zihan SONG* (2011级本科生宋子寒), Fei GAO (2011级本科生部飞), Feng ZHAO (2011级本科生赵风)	Grid Pattern Recognition in Road Networks Using the C4. 5 Algorithm	2016	*Cartography and Geographic Information Sciences*	43(3)	266—282	SSCI

注：* 代表通信作者。

表 2.2　专著成果

专著作者	专著名称	出版年	出版社	出版地	书号
田晶，刘耀林，任畅(2012级本科生)，余梦婷(2013级本科生)，雷英哲(2012级本科生)，方华强(2012级本科生)	城市道路网模式识别与分析的理论与方法	2018	测绘出版社	北京	978-7-5030-4083-2
田晶，王一恒(2012级本科生)，任畅(2012级本科生)，雷英哲(2012级本科生)，罗云(2016级本科生)	地图综合算法的 MATLAB 实现	2019	测绘出版社	北京	978-7-5030-4249-2

表 2.3　指导学生获奖情况

获奖人	作品	类型	年份	奖项
张泊宇(2009级本科生)	一种识别道路网辐射模式的新方法	学位论文	2013	湖北省优秀学士学位论文
李明晓(2010级本科生)	台湾海峡直航船舶轨迹聚类分析	学位论文	2014	湖北省优秀学士学位论文
宋子寒(2011级本科生)	道路网网格模式识别的机器学习方法	学位论文	2015	湖北省优秀学士学位论文
余梦婷(2013级本科生)	城市道路网元胞模式分析的新方法——网络景观指数分析法	学位论文	2017	武汉大学优秀学士学位论文
程雪萍(2014级本科生)	基于轨迹大数据的公共交通可达性分析	学位论文	2018	武汉大学优秀学士学位论文
刘宇豪(2015级本科生)	基于神经网络重训练的遥感云检测方法	学位论文	2019	武汉大学优秀学士学位论文
程雪萍(2014级本科生)等	中国2010年人口系列地图	学科竞赛	2018	第16届全国高校GIS大赛 制图组全国一等奖
Chang REN(2012级本科生任畅)	Network Functionality Oriented Stroke Building in Road Networks	论文竞赛	2015	第23届地理信息科学年会学生论文竞赛第二名
刘宇豪(2015级本科生)，李鑫瑞(2016级本科生)，高远怡(2017级本科生)	基于神经网络重训练的遥感影像云检测方法	论文竞赛	2019	全国高等学校大学生测绘科技论文竞赛二等奖

表 2.4　指导学生参与的大学生创新创业项目

参与人	项目名称	项目类型	项目号
武晓环(2013级本科生), 王一恒(2012级本科生), 余梦婷(2013级本科生), 熊富全(2011级本科生), 赵风(2011级本科生)	MATLAB地图综合算法工具箱	国家大学生创新创业训练项目	201510486040
高远怡(2017级本科生), 撒阳(2016级本科生), 师春春(2016级本科生)	顾及元胞组分和配置的城市路网分类方法研究	国家大学生创新创业训练项目	201910486053

表 2.5　指导学生赴海外深造情况

学生	指导时的身份	留学国家	留学院校
宋子寒	2011级本科生	美国	威斯康星大学麦迪逊分校
叶宁	2012级本科生	荷兰	特文特大学
余梦婷	2013级本科生	美国	宾夕法尼亚大学
颜之玮	2013级本科生	美国	明尼苏达大学双城分校
刘宇豪	2015级本科生	英国	伦敦大学学院
廖彧晗	2018级本科生	英国	伦敦大学学院

指导的内核是学徒模型，指导过程模仿博士生的培养方式进行，强化学位论文的作用，结合多种科研实践活动(学科竞赛、学术会议、科学考察等)训练学生的科研能力和科研素养。理想的过程就是选题之后能够发表1～2篇期刊论文，然后扩展期刊论文成为学位论文，指导的外在表现是学生的发展，大致有以下几种模式(图 2.2)：

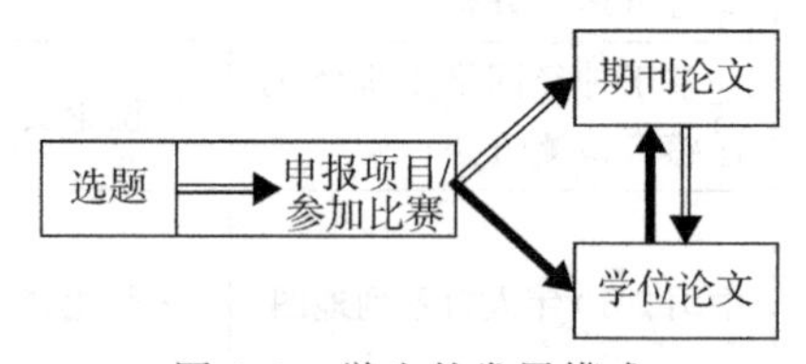

图 2.2　学生的发展模式

1. 选题—(申报项目，参加比赛)—期刊论文—学位论文

这一类的典型代表是宋子寒和任畅。宋子寒从大一进校就加入了道路网几何模式的研究，经过其不懈努力，一篇论文发表至《武汉大学学报(信息科学版)》，一篇论文发表至*Cartography and Geographic Information Science*，学位论文在这些研究成果的基础上完成，获得2015年度湖北省优秀学士学位论文。该生本科毕业后在武汉大学测绘遥感国家重点实验室硕博连续。

任畅从事了两项研究，一项关于道路网综合的研究，申报了大学生创新创业项目，提出了一种新的道路网 stroke 的生成方法，在《武汉大学学报(信息科学版)》上发表了一篇论文，参加了国际华人地理信息科学协会主办的第23届地理信息科学年会，获得学生论文竞赛二等奖。另一项关于道路网的拓扑分析的研究，基于该研究完成了学位论文，协助导师撰写了一本专著。该生现在武汉大学测绘遥感国家重点实验室攻读博士学位。

2. 选题—(申报项目，参加比赛)—学位论文—期刊论文

这一类的代表是余梦婷和王一恒。余梦婷能力较强，从事两项主要研究，一项关于矢量数据的景观指数分析的研究，申报了校级大学生创新创业项目，本科毕业后继续研究，在 *Ecological Informatics* 和《武汉大学学报(信息科学版)》上各发表了一篇与研究相关的论文。另一项研究关于道路网模式分析的新方法，协助导师申请了国家自然科学基金并获批，以此为题完成学位论文，获得了2017年度武汉大学优秀学士学位论文。在学位论文的基础上继续研究，在 *International Journal of Geographical Information Science* 和《武汉大学学报(信息科学版)》上各发表了一篇与该研究相关的论文。该生毕业后到美国宾夕法尼亚大学(著名的常青藤学校，2017年全美排名第4)读研。

王一恒从事 MATLAB 下的地图综合算法工具箱的开发，申报了国家级大学生创新创业项目，该项目顺利通过验收并获评优秀项目。基于此研究，他在2016年完成了学位论文，同时，他对学位论文进行了进一步的完善，投递到 *Transactions in GIS*，并于2017年底发表，之后2019年一本相关专著也在测绘出版社出版。该生为武汉大学资源与环境科学学院"0+5"直博生。

§2.4　典型案例

本节介绍指导学生研究的两个典型案例。关于如何撰写科技论文已有很多很好的书籍(兰甘，2007；格拉斯曼蒂欧，2011)。在介绍完研究案例之后，关注如何回复审稿意见，这里谈一谈作者的心得与经验，希望对读者(特别是没有经验的本科生)有启发和帮助，当然仁者见仁、智者见智，有经验的读者可以略过。

对审稿意见的认识：审稿意见是审稿专家对论文的客观评价，形式上包括对论文的总评以及对论文各个部分的分评。有些是按照与论文对应的顺序来组织，如摘要存在什么问题，引言存在什么问题，等等；有些是按照问题的严重性来组织，如大的问题(major issue)和小的问题(minor issue)。内容上主要包括专家对论文思路、方法和实验的疑问，对可能存在的错误的指正，对论文还缺少哪些要素的提醒。编辑部提供了一个论文作者与审稿专家交流学术思想的平台，审稿意见则是帮助作者改进论文的苦口良药。

对待审稿意见的态度:认真对待,谨慎回答。即便是小修,也要认真回答,因为只要没有出版都有可能被拒稿。如果是大修且有很多负面意见,那更要好好回答,不要沮丧,因为只要是有机会修改,那就代表还是受到一定程度的认可。由于国际期刊一般都要经过几轮的审稿,所以如果有机会修改,就一定要好好修改。

回复审稿意见的策略:拿到意见后,首先分析每一个问题是否有道理,审稿专家问得有没有道理,这些作者往往最清楚。对此类问题,一般应补充实验甚至要推倒重来。对于审稿专家有误解的问题,如果作者能提供证据证明专家误解了,一定要反驳,切忌顺着审稿专家说(这也是中国学生特别要注意的,我们从小受到的教育就是要听老师的话,听家长的话),否则只会更加被动。很多学生没有经验,担心反驳会得罪审稿人,而不敢据理力争。这里举一个例子,审稿专家说我们的结果都是常识,一方面反驳论断需要论据支持,而不是人云亦云,另一方面,举出GIS学界的例子进行论证:80%的信息与位置有关,这也是常识,然而Hahmann等(2013)的研究表明只有约60%的信息与位置有关。

问题:本研究结果部分讨论的内容是众所周知的事实。

答复:感谢您的意见,现解释如下。

断言需要证据支撑。本文通过研究和观察支持此前的断言。在讨论部分中,我们认为本研究中多数本科生未在研究上花费足够的时间。参与本研究的本科生在研究上投入的平均时间占比约为35%。

多数学生不具备足以高效开展研究的技能。作者的实践经验也支持这一点。在指导之前,学生知道如何使用CorelDRAW,但很少有学生知道如何使用ArcGIS,更不用说编程。导师需要花费大量时间讲授这些基础技能,对指导进度带来了严重影响。

一些学生表现出动力不足的态度。学生态度是基于学生行为评估的。例如,一些学生只想在短时间内完成论文发表,并非真正想要做研究。因此,当他们遇到挫折或者得不到短期结果时就会放弃。这种态度明显与做好研究不一致。

在GIS学科中有一个例子,人们经常引用的一个断言是80%的信息都与位置有关。然而,Hahmann等(2013)发现这个80%的断言无法被证实,应该重新表述为60%。所谓80%的信息与位置有关这一宽泛的、缺乏语境的断言可能是错误的,尽管人们一度认为这是一个“众所周知的事实”。

最后强调一点,回复意见最好能独立成文。对每个问题回答之后,再说明论文中对应修改的地方,而不是一个问题来了之后,回答“见正文第n行”。一方面,这样做没有回答问题;另一方面,这样做会导致不便。试想一下,审稿人打开回复意见后,每个问题都只有“见正文第n行”,类似于“踢皮球”,如果你是审稿专家,还会有耐心看下去吗?作者应该谨慎回复专家的每条意见。

2.4.1 案例1:城市道路网的度相关性

现实世界中的一些网络呈现出度高的节点倾向于与度高的节点相连的现象,

表现为度相关性的同配，如演员合作网络和论文合作网络等社会网络；另外一些网络呈现出度高的节点倾向于与度低的节点相连，表现为度相关性的异配，如互联网和神经网络等生物和技术网络。有一些如 Erdös-Rényi 随机图的网络既不呈现同配特征，也不呈现异配特征（Newman，2002），表现为不相关。

本研究针对城市道路网中拓扑分析中对度相关性关注较少的问题，运用四种度相关性度量（最近邻平均度、度相关剖面图、Newman 同配性系数和 Litvak-Hofstad 同配性系数）对以三种对偶形式（轴线、stroke、同名道路）表达的 100 个世界范围内的城市路网进行了研究。结果表明，以 stroke 和同名道路表达的大多数路网呈现异配或不相关，而以轴线表达的路网则呈现同配。不论用何种路网表达方式，四种度相关性度量方式不一致。该研究以论文的形式发表于 *Transactions in GIS*。论文第一作者是导师，第二、第三和第四作者均处于发展阶段。

图 2.3 展示了问题解决过程。在概念层上，导师和学生通过研读文献，发现了现有研究对路网的度相关性关注较少，且不同度相关性度量的比较研究较少。在逻辑层上，通过头脑风暴和讨论确定了要以路网为对象，分析它们在不同表达方式下的度相关性情况，并对不同的度相关性度量进行比较。在物理层上，学生进行了具体实现。实验主要由论文的第二作者和第三作者完成，先后利用 C++、MATLAB 等编程语言设计了路网对偶图构建和四种度相关性度量的计算与绘图等软件工具，借助这些工具生成 100 个城市道路网的 stroke 对偶图表达并计算基于对偶图的数值型指标和绘图型度量。对于数值度量的计算结果分析其显著性，对于图形度量的绘制结果进行典型类别的总结归纳，进一步对比不同度量的一致性，分析不一致现象的成因与各个度量的特点。

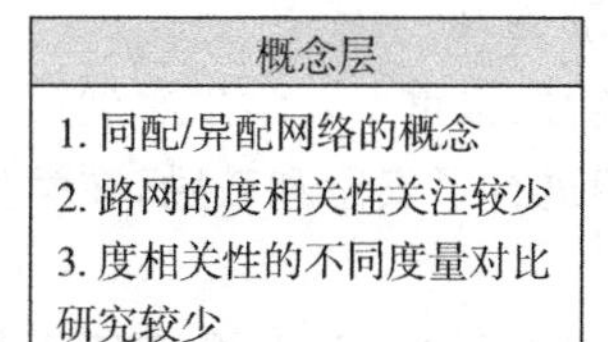

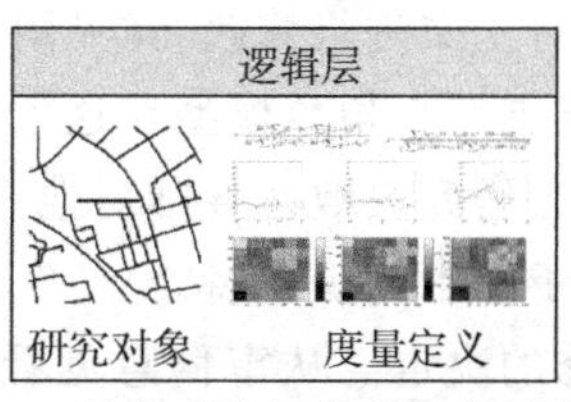

图 2.3　城市道路网的度相关性的问题解决

该研究的投稿过程不太顺利，编辑部第一次给的决定是大修。第一次审稿是四个审稿人审稿，虽然不知道每个审稿人的决定，但是从审稿意见还是可以看出第一个审稿人和第二个审稿人倾向于反对，否则也不会出现四个审稿人，一般而言是两到三位审稿人（附录 A.1）。结合 §2.4 开头的对回复审稿意见的论述，我们的具体做法如下：

(1)仔细阅读审稿意见，提炼出审稿专家关注的问题，并进一步分析哪些是客观存在的问题，哪些是误解。

审稿人 1 的问题 1 质疑了论文是否属于不同语言重复发表（很吓人！这可是

学术不端行为)，创新性不够，问题2关注论文的研究成果如何应用。审稿人2觉得没有什么贡献，只是做了较大数据量的实验而已，提出了希望看到初步的研究结论如何应用。可见审稿人1和审稿人2对论文初稿的态度较为负面。审稿人3对初稿较为认同，仅提了一些小问题，并建议进行对比研究。审稿人4一方面肯定了研究的难度，另一方面建议对路网的不同表达方法进行明确定义，在不同路网表达下进行度相关性的对比，同时提出了为什么度相关性和某一种路网表达是合适的问题。

分析审稿意见之后，发现：审稿人1和审稿人2关注如何应用，审稿人3和审稿人4关注对比。

(2)针对较大的问题，重新实验甚至推倒重来；对于较小的问题，解释清楚；对于误解，需要解释说明或者反驳。

较大的问题包括审稿人1的第2个问题、审稿人2的问题、审稿人3的第2个问题和审稿人4的第2个问题。补充如下实验：对100个路网的其他几个常用的拓扑参量进行了计算，为了说明它们没有区分度。计算了轴线和同名道路表示的路网的4个度相关性度量；按照我们提出的基于度相关性的路网分类体系，分析了该体系与影响因素的关系；按照我们的路网分类体系进行路网的鲁棒性的分析。

对于较小的问题，如审稿人3的第1个问题，将其修改正确。

对于误解，如审稿人1的第一个问题，一定要解释清楚，这个问题很严重，如果不解释清楚，那么论文有拿已出版的论文翻译成别的语言重复发表的嫌疑。因为其他审稿专家都是能看到别的审稿专家对论文的意见，所以没有回答好，会直接影响其他审稿专家对论文的印象。

(3)正面回答所有问题并对正文进行修改，详见附录A.1。

除了学术指导，心理/情感支持与角色模型在这个阶段很重要。学生拿到第一次审稿意见的时候很沮丧，认为研究失败。导师对他们进行了安慰和鼓励，在学生情绪平复之后，接着仍然是给予学术知识支持。

编辑部第二次给出了小修的决定。从审稿意见看(附录A.2)，几个审稿人都比较满意。到这里，学生也坚定了信心，没有出现看到编辑部第一次决定之后的那种沮丧，而是很积极地思考如何回复。导师提醒他们，现在如果不好好回复和修改，仍有可能被拒稿，所以他们小心谨慎地作了回复，具体做法如下：

(1)仔细阅读审稿意见，提炼出审稿专家关注的问题，并进一步分析哪些是客观存在的问题，哪些是误解。

审稿人1的问题1是对行文的建议，问题2和问题3是建议补充网址和数字对象标识符(digital object identifier，DOI)，问题4建议在讨论部分加入更多细节。审稿人2的三个问题都是关于行文方面的建议。审稿人3的问题1是要补充开放街道地图(Open Street Map，OSM)数据质量的研究现状，问题2建议数据处理更详细,问题 3 关于拼写错误。审稿人 4 的问题 1 关注数据处理的细节,问题 2 建议进一步说明我们的方法与其他方法的区别,问题 3 认为应用需要深入解释,问题 4 关注数据的正确性。

分析审稿意见之后,发现:审稿人 1 和审稿人 4 均提到需要详细解释应用,审稿人 3 和审稿人 4 均建议详细描述数据处理过程,同时审稿人 4 提到了对于数据正确性的担心。

(2)针对较大的问题,补充实验;对于较小的问题,将其修改正确。

较大的问题包括我们的方法与其他方法的区别,应用的详细解释,数据处理的过程以及数据是否正确。我们进行了补充实验:由于原图法数据量太大,暂时补充了 5 个城市路网在原图法下的度相关性度量,阐明了不同表达方法的适用性不同。通过举例,补充了两个应用结果的细节。同时检查了数据的正确性,确实存在错误,所幸对结果影响不大。事实证明审稿人 4 的担心是对的,而且也验证了我们之前关于审稿意见的观点:审稿意见可以帮助作者对论文进行修正和改进。

对于行文或者语法的问题,修改正确即可。

(3)正面回答所有问题并对正文进行修改,详见附录 A. 2。

在此研究中,论文第二作者方华强和第三作者王一恒提高了编程能力(实验主要由他们完成),第四作者任畅提高了写作和交流能力(与编辑部的沟通和论文的回复主要由他完成)。除此之外,他们的抗挫能力得到了显著提升。

2. 4. 2 案例 2: MATLAB 地图综合算法工具箱

地图综合是将实体或现象从大比例尺转换为小比例尺的抽象表示的过程,通过化简和抽象实体或现象以反映其基本特征,它是地图学的核心教学内容。探究式学习很重要(Spronken-Smith et al,2008b),学生通过探究式学习可以加深对知识的理解。对于地图综合,探究式学习能帮助学生理解地图综合的概念以及如何实施地图综合。探究式学习可能需要辅助工具的支持。MATLAB 是一款用于算法开发、数据可视化、数据分析以及数值计算的通识软件,与教育有密切联系。它的诞生是 Cleve Moler 教授为辅助学生学习线性代数所做出的努力。模式识别、数字图像处理、信号分析等课程在教学中均可运用 MATLAB 辅助教学,这些成果是将 MATLAB 这种通识软件与专业教育相结合的典范。

该研究的初衷是通过开发 MATLAB 下的地图综合算法工具箱,试图辅助学生进行探究式学习,这项研究是本书第 3 章将要介绍的 MATLAB 课程的授课内容之一。研究内容主要包括以下两个方面:第一,开发了 MATLAB 下的地图综合算法工具箱 GEN_MAT,该工具箱参考李志林教授的专著(Li,2006)以及国内外著名地理信息科学的期刊,实现了 42 个地图综合算法。第二,设计了配套课程,在教学中进行了应用与评价。评价结果表明:在 GEN_MAT 的协助下,学生提高了理解能力，提高了理论联系实际的能力，从被动学习转变为主动学习，对编程产生了兴趣。使用工具箱学习的学生在自信心、动手能力等方面优于未使用工具箱学习的学生。该研究以论文的形式发表于 *Transactions in GIS*。论文的第一、第三、第四、第五作者均处于发展阶段，第二作者是导师，对他们进行了指导。

图 2.4 展示了问题解决过程。在概念层上论文的第二作者(导师)定义了研究问题，在逻辑层上进行了头脑风暴，由第一作者主导设计了 GEN_MAT，第二作者设计了配套课程。在物理层上第一作者进行 GEN_MAT 开发，其他作者进行了测试和评价。

概念层

——定义：探究式学习是通过提出问题、由学生的探究过程驱动的一种主动学习形式

——支持：有很多探究式学习辅助工具，如纽约州立大学遥感原理课程气象探空气球

——由来：MATLAB的诞生是为了辅助学生学习线性代数，很多专业教材有MATLAB版本，很多课程使用MATLAB实验

——研究问题：能否在MATLAB 上开发地图综合功能，辅助学生通过探究式学习方法学习地图综合？

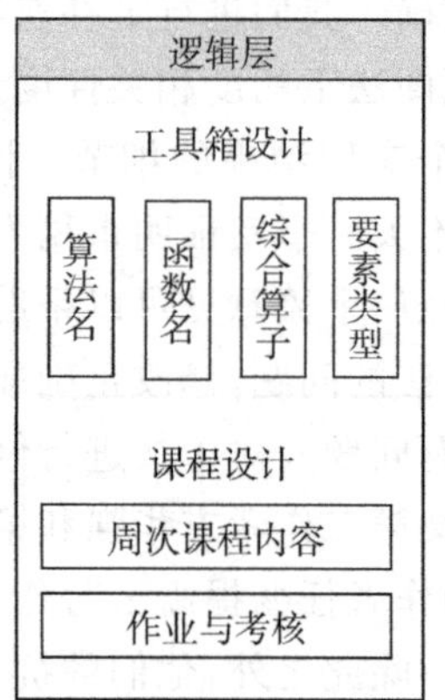

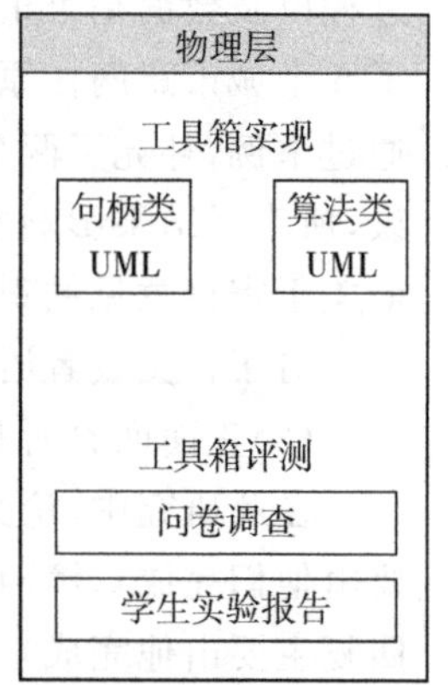

图 2.4　MATLAB 下的地图综合算法工具箱的开发与应用的问题解决

编辑部第一次给的决定是大修，其中审稿人 1 和审稿人 2 的意见较为正面，审稿人 3 的意见比较负面，编辑也给出了评论。结合 § 2.4 开头的如何回复审稿意见的论述，我们的具体做法如下：

(1)仔细阅读审稿意见，提炼出审稿专家关注的问题，并进一步分析哪些是客观存在的问题，哪些是误解。

审稿人 1 首先建议澄清一些表述，包括课程的相关方面、使用 Likert 量表的原因、如何生成 Likert 量表、评价结果。其次，审稿人 1 还建议从 GEN_MAT 如何改变学生的思维、GEN_MAT 对教学有何优势等方面进行深入讨论。最后是一些关于图表和语法、在论文第一节和第二节增加必要介绍等细节方面的问题和建议。审稿人 1 的意见主要涉及课程细节、评价方法以及评价结果。

审稿人 2 的建议包括明确论文的重点、提前介绍调查、研究教育学方面的文献、进行实验组与控制组的对比。此外，还针对论文提出了一系列疑问，包括采用的研究方法、统计方法、量表的设计、学生的评价。除上述建议和质疑外，审稿人 2 有一条正面评论。总体而言，审稿人 2 的意见主要涉及研究方法、使用工具箱与未使用工具箱的对比、教育学方面的文献研究。

审稿人 3 的意见多数是针对行文、语法、图表的建议，其他意见涉及一个术语

的疑问、对工具箱有效性及学生回答的质疑，此外也建议进行对比。审稿人 3 的质疑主要在工具箱的有效性以及未进行对比方面。

编辑也给出了希望阐述论文的科学性和对英语进行编辑的意见。

由上可知，较大的问题集中在课程细节展示、研究方法、工具箱的有效性上，这里有效性包括对工具箱的评价、使用工具箱与未使用工具箱的对比。其他都是小问题和小错误。

(2)针对较大的问题，补充实验；对于较小的问题，将其修改正确；对于误解，解释清楚。

查找了地理教育相关的文献，学习了如何进行此类型的研究。对于课程的细节进行了详细说明。重新进行了问卷的设计与调查，补充了开放问题，并提取了主题词。进行了实验组(使用工具箱学习)和控制组(未使用工具箱学习)的对比。模仿地理教育相关文献的写法，对得到的结果进行了重新组织。

修正了小错误。解释了误解，特别是问卷中有些问题是负面的问题，例如“我认为该工具箱很难使用”这个问题，强烈同意是 1 分，而强烈反对是 5 分。

(3)正面回答所有问题并标明在论文中的修改。

导师拿到审稿意见后鼓励学生不畏困难，在截止日期前又向编辑争取了几个月时间完成了对比，几乎是推倒重来。编辑部第二次给的意见是小修，而且最开始持反对意见的审稿人 3 变成了强烈支持。我们仍然认真对待，小心谨慎地对每个问题进行了回复，主要包括调整引言部分的行文，合并冗余表格，最后顺利接收。学生得到审稿专家的赞赏，都很高兴。此研究从开发软件到最后论文接收前后花了 4 年时间。

在此研究中，第一作者王一恒提高了开发能力和写作能力，GEN_MAT 的开发几乎由其一人完成，对于如何生成问卷查阅了很多资料。第三作者余梦婷的写作能力有了较大提高，评价部分以及回复审稿意见由她完成。第四作者任畅和第五作者武晓环在写作能力上有了一定提高，帮助完成了文献综述，特别是第五作者将一个法语文献的表格翻译成了英语。导师在此过程中提供了研究思路，设计了 GEN_MAT 的配套课程并向学生讲授该课程，对其他四位作者进行了学术知识支持和心理/情感支持。

§2.5 学生存在的问题

通过长期指导，发现学生存在以下问题：

第一，参与科研与课业的冲突。科研是一个长期的持续的过程，很多研究不是一蹴而就的，就像被证实的引力波(Abbott et al,2016)，这就需要学生投入大量的时间。部分学生由于担心影响学习成绩，所以对于研究断断续续，导致指导的效果不佳。

第二，学生参与科研的动机和态度有误。部分学生抱着混的态度参与科研，再加之本科生就业压力的逐年增大，因此很多学生盲目地考研和读研，根本没有思考过自己是否适合读研。并且参与本科生科研可以混得一个经历或者是混加分，对于其出国或者在国内读研申请时均有益处。

第三，学生的技能达不到研究的要求。GIS与计算机具有密切关系，虽然诸如ArcGIS一类的软件为实验提供了支持，但是很多实验仍然需要编程实现，编程成为必不可少的技能。然而仅有少部分学生掌握了编程技能，多数学生"谈编程色变"，§2.6将通过实例阐述编程的重要性。同时科研成果往往以论文的形式表达，英语写作对于英语非母语的学生也是一个难点。

§2.6 编程的重要性

编程对于GIS专业的学生而言是很重要的能力(Bowlick et al,2017)，不会编程，有些研究无法进行。本节以基于水流扩展思想的网络沃罗诺伊(Voronoi)图生成算法为例阐明编程的重要性。

网络空间分析是采用基于网络的空间位置表达与距离度量方法的空间分析(Okabe et al,2006)。网络Voronoi图是网络空间中到一组点(称为发生元)中各个点的网络距离最短的子网络的集合(Okabe et al,2008)。已有网络Voronoi图生成算法存在忽略发生元权重差异、网络有向边约束、网络边权重差异等问题，所以艾廷华等(2013)提出了基于水流模型网络Voronoi图生成算法，其主要思想是网络栅格扩展。网络栅格是指网络空间的栅格化处理，将网络边细分成一定长度的线性单元；扩展是指仿照水流的扩展过程，以事件点为源头，沿线性单元向周围流动，每次流动栅格化网络空间中一个或多个线性单元的长度。这样，事件点产生水流，栅格化的网络构成可通行的路径，最终不同源头的水流相汇并覆盖整个网络。每个事件点对应的水流覆盖范围对网络的分割即为网络Voronoi图。该算法的优点是顾及网络和发生元的异质性，更为符合实际分析需要。本节以该算法的Python复现为例，说明编程的重要性。

2.6.1 算法步骤

基于水流扩展思想的网络Voronoi图生成算法描述如下(艾廷华 等,2013)。

算法输入：事件点集合P，其中每个事件点除几何信息外具有标识ID和权重Z($Z_i \in \mathbf{N}^+$)；网络边集合R，其中每条边除几何信息外具有权重W、方向I；网络空间栅格化线性单元基础长度d，如图2.5(a)所示。

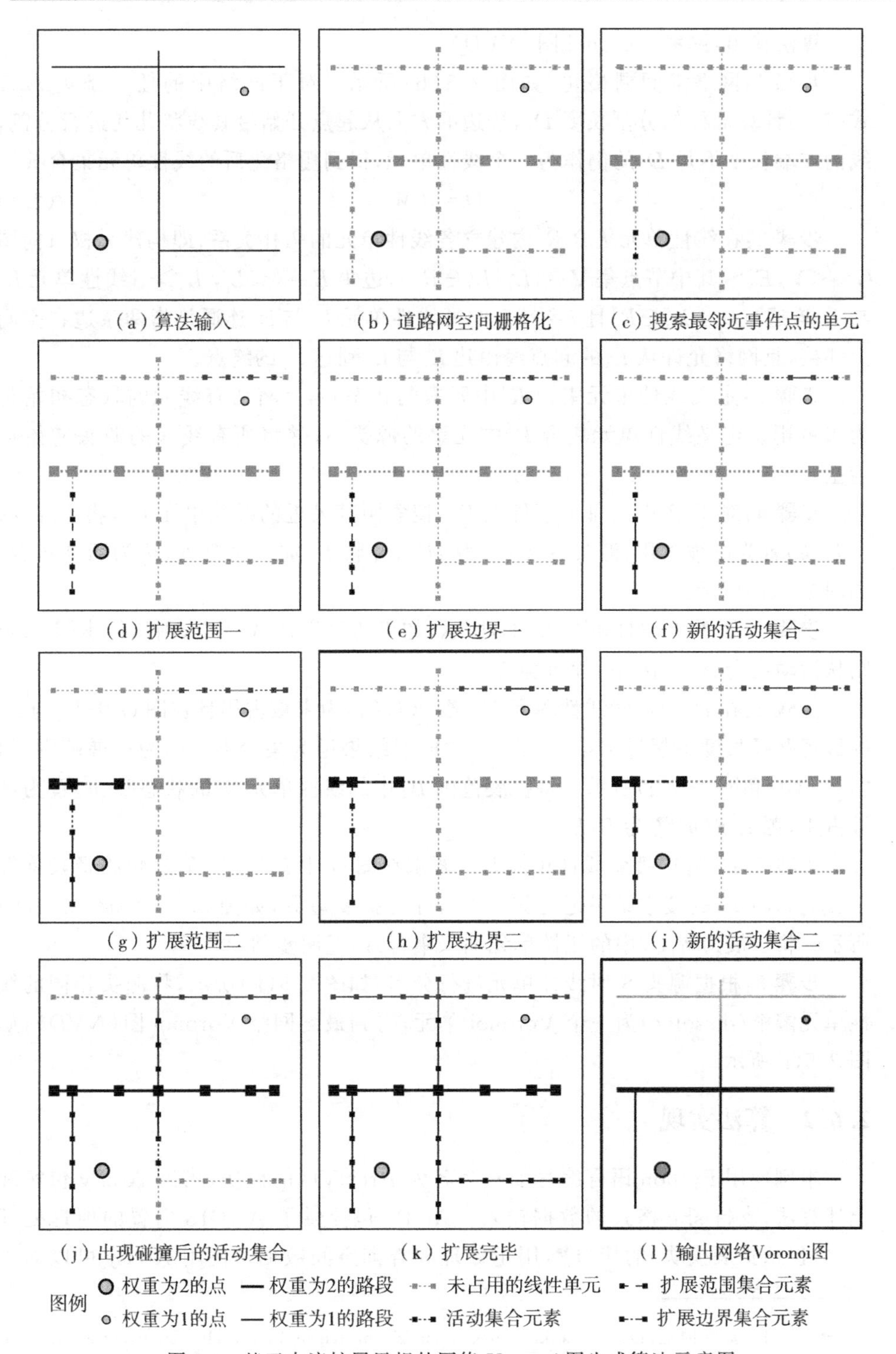

图 2.5　基于水流扩展思想的网络 Voronoi 图生成算法示意图

算法输出：网络 Voronoi 图（NVD）。

步骤1：网络空间栅格化，如图2.5(b)所示。对于网络中的任一条边 i，按式(2.1)计算加权的分割长度 D_i，按边的方向从起点开始沿其线状几何进行分割，线的末端长度不足 D_i 的仍作为一个线性单元，得到栅格化后的线性单元集合 R'。

$$D_i = d\ W_i \tag{2.1}$$

步骤2：在线性单元集合 R' 内建立各线性单元的拓扑关系，即构建无权有向图 $G=\langle V,E\rangle$，其中节点集 $V=\{L_i \mid L_i \in R'\}$，边集 $E=\{\langle L_i, L_j\rangle \mid$ 线性单元 L_i 与 L_j 连通$\}(L_i, L_j \in R'$ 且 $i \neq j)$。此处线性单元 L_i 与 L_j 连通是指两条边在空间上邻接，且网络允许从 L_i 的起点经由边 L_i 与 L_j 到达 L_j 的终点。

步骤3：定义线性单元集合 R' 中元素的状态 U，并将所有线元的状态初始化为未占用。定义线性单元集合 R' 中元素的源头 S，并将所有线元的源头初始化为空。

步骤4：对于 P 中的每个事件点 P_i，搜索距其最近的线性单元 L_k，将 L_k 的状态 $U(k)$ 置为已被占用，源头 $S(k)$ 置为 ID_i，并将 L_k 加入集合 A，称为活动集合，如图2.5(c)所示。

步骤5：如图2.5(f)和图2.5(i)所示，如果活动集合 A 为空，则执行步骤8；否则从活动集合 A 中取出一个元素 L_k。

步骤6：在 R' 中搜索线性单元 L_n，要求 $U(n)$ 为未被占用且在图 G 中 L_n 与 L_k 的最短路径长度不超过 $Z_{S(k)}$。将 L_k 的搜索结果记为集合 B_k，称为扩展范围，如图2.5(d)和图2.5(g)所示。将扩展范围 B_k 中的线性单元 L_n 的状态 $U(n)$ 置为已被占用，源头 $S(n)$ 置为 $S(k)$。

步骤7：在 B_k 中搜索线性单元 L_m，要求在图 G 中 L_m 与 L_k 的最短路径长度等于 $Z_{S(k)}$，将 L_k 的搜索结果记为集合 C_k，称为扩展边界，如图2.5(e)和图2.5(h)所示。将扩展边界 C_k 中的线性单元加入集合 A，返回步骤5。

步骤8：根据源头 S 对线性单元进行分组，如图2.5(k)所示，将源头相同的线性单元溶解(dissolve)为一个 Voronoi 单元，得到最终网络 Voronoi 图（NVD），如图2.5(l)所示。

2.6.2 算法实现

本例使用 Python 语言编写了一个名为 ArcNVD 的模块，借助 ArcPy 包实现上述算法，支持 shp 格式的数据输入。ArcPy 包提供了 ArcGIS 内置的地理处理工具(包括扩展模块)的接口[1]，用于处理和查询空间数据。使用 RrcPy 可以通过

[1] ArcPy 基本词汇，https://desktop.arcgis.com/zh-cn/arcmap/10.3/analyze/arcpy/essential-arcpy-vocabulary.htm.

Python 调用 ArcMap 工具箱中的工具。

在进行编程之前,需要明确网络中边的方向信息在输入数据中的表示形式。矢量数据中,折线由一系列有序的点表示,序列的第一个点为折线起点,最后一个点为折线终点。以此为基础,本例采用数值表示边的方向,该数值存储在折线要素的属性表中。方向值为正的折线表示一条从其起点指向终点的有向边;方向值为负的折线表示一条从其终点指向起点的有向边;方向值为 0 的折线对应的网络边为无向边,相当于从折线的起点指向终点和从终点指向起点的两条有向边。

ArcNVD 模块的代码保存在 ArcNVD. py 文件中,其中函数 arc_network_voronoi_diagram 提供了生成网络 Voronoi 图的功能。下面按代码在该模块中出现的顺序介绍算法的实现。

模块的开头导入了该模块依赖的包,并设置全局变量。这些全局变量是后续处理中所需要素名称和字段名称的默认值。导入包以及定义默认名称的代码如下:

```
# -*-coding: UTF-8-*-
import sys
import os
import copy
import time
import arcpy

# 允许 ArcGIS 工具覆盖已存在的输出
arcpy.env.overwriteOutput = True
# 设置默认名称与属性
gdb_points_name = "Points"
gdb_points_id_field = "P_ID"
gdb_points_weight_field = "P_WEIGHT"
gdb_network_name = "Network"
gdb_network_weight_field = "N_WEIGHT"
gdb_network_direction_field = "N_D"
```

之后是建立文件型地理数据库的函数。ArcGIS 的文件型地理数据库,用于存储处理的中间结果以及最终结果,其扩展名为 gdb。本例采用文件型地理数据库保存数据,主要是为了避免通过 ArcPy 调用 ArcMap 工具箱操作其他格式时出现不稳定的情况。此外,使用文件型地理数据库保存数据还能减少 shp 文件格式的一些限制,如存储要素属性的 dbf 文件字段名称不能超过 10 个字符,数据总量不能超过 2GB 等。该函数的代码如下:

```
def create_temp_gdb(gdb_full_path):
    """
    创建临时文件型地理数据库
    :param gdb_full_path: 临时文件型地理数据库路径
    :return: None
    """
    gdb_path, gdb_name = os.path.split(gdb_full_path)
    gdb_shot_name, extension = os.path.splitext(gdb_name)
    if extension.lower() == ".gdb" or extension == "":
        if extension == "":
            gdb_full_path = gdb_full_path + ".gdb"
        if not arcpy.Exists(gdb_full_path):
            arcpy.CreateFileGDB_management(gdb_path, gdb_shot_name, "CURRENT")
        else:
            print("临时文件型地理数据库已存在!")
    else:
        print("临时文件型地理数据库名称错误!")
        sys.exit(1)
    return
```

建立数据库之后,需要从指定位置读取算法输入数据并导入数据库。由于事件点标识(ID)及权重、网络边权重及方向信息存储在属性表中,因此需要指定对应的字段名称,以便从属性表中读取对应信息。

读取事件点数据时,除了将 shp 文件导入文件型地理数据库之外,还要对输入的 ID 及权重字段名称进行检查,确保属性表中包含这些字段并且数据类型符合要求。若没有输入这些字段名称,则进行以下默认处理。默认 ID 字段名称为“FID”,因为该字段是 shp 格式必须包含的字段。默认的权重处理不考虑事件点的权重差异,因此向属性表添加值全部为 1 的权重字段。事件点数据的读取代码如下:

```
def read_points(
        tmp_gdb_path, points_path, id_field_name=None, weight_field_name=None,
        default_points_name=gdb_points_name,
        default_points_id_field=gdb_points_id_field,
        default_points_weight_field=gdb_points_weight_field):
    """
    读取点要素数据
    :param tmp_gdb_path: 临时文件型地理数据库路径
```

```
:param points_path: 点要素数据路径
:param id_field_name: 点要素 ID 字段名称
:param weight_field_name: 点要素权重字段名称
:param default_points_name: 临时文件型地理数据库中点要素默认存储名称
:param default_points_id_field: 临时文件型地理数据库中点要素默认 ID 字段
:param default_points_weight_field: 临时文件型地理数据库中点要素默认权重字段
:return: 临时文件型地理数据库中的点要素数据存储路径
"""
# 设置点要素 ID 字段支持类型
id_support_type = ["OID", "Integer", "SmallInteger", "Single", "Double", "String"]
# 设置点要素权重字段支持类型
weight_support_type = ["Integer", "SmallInteger"]
# 获取点要素字段
points_fields = arcpy.ListFields(points_path)
fields_name_list = []
fields_type_list = []
# 获取要素包含的字段名称与类型
points_object_id_name = None
for field in points_fields:
    field_name = field.name
    field_type = field.type
    if field_type == "OID":
        points_object_id_name = field_name
    elif field_type not in ["OID", "Geometry"]:
        fields_name_list.append(field_name)
        fields_type_list.append(field_type)
# 根据输入 ID 字段名称,处理点要素 ID 信息
add_id_field = False
if id_field_name is None or id_field_name == points_object_id_name:
    # 当输入 ID 字段名称为空或为要素 OID 时,
    # 添加临时 ID 字段,并令点要素 ID 等于对应的要素 OID
    # 创建非 OID 类型的点要素 ID
    id_field_name = "P_ID"
    # 循环判断添加字段是否已存在
    tmp_count = 1
    while id_field_name in fields_name_list:
        id_field_name = "P_ID_" + str(tmp_count)
        tmp_count = tmp_count + 1
```

```
    # 向点要素添加 ID 字段
    arcpy.AddField_management(points_path, id_field_name, "LONG")
    add_id_field = True
    # 生成每个点要素的 ID 值
    arcpy.CalculateField_management(
        points_path, id_field_name, "!" + points_object_id_name + "!", "PYTHON_9.3")
else:
    # 当输入 ID 字段名称不为空且不为要素 OID 时
    if id_field_name in fields_name_list:
        # ID 字段存在于点要素字段中时
        id_idx = fields_name_list.index(id_field_name)
        # 判断 ID 字段的数据类型是否支持
        if fields_type_list[id_idx] not in id_support_type:
            print("点要素 ID 字段数据类型错误!")
            sys.exit(1)
    else:
        # ID 字段不存在于点要素字段中时
        print("点要素 ID 字段不存在!")
        sys.exit(1)
# 根据输入权重字段名称,处理点要素权重信息
add_weight_field = False
if weight_field_name is None:
    # 当输入权重字段名称为空时,
    # 添加临时权重字段,并且令所有点要素权重相同
    weight_field_name = "P_W"
    # 循环判断添加字段是否已存在
    tmp_count = 1
    while weight_field_name in fields_name_list:
        weight_field_name = "P_W_" + str(tmp_count)
        tmp_count = tmp_count + 1
    # 向点要素添加权重字段
    arcpy.AddField_management(points_path, weight_field_name, "LONG")
    add_weight_field = True
    # 向权重字段赋值
    arcpy.CalculateField_management(
        points_path, weight_field_name, "1", "PYTHON_9.3")
else:
    # 当输入权重字段名称不为空
```

```
    if weight_field_name in fields_name_list:
        # 权重字段存在于点要素字段中时
        weight_idx = fields_name_list.index(weight_field_name)
        # 判断权重字段的数据类型是否支持
        if fields_type_list[weight_idx] not in weight_support_type:
            print("点要素权重字段数据类型错误!")
            sys.exit(1)
    else:
        # 权重字段不存在于点要素字段中时
        print("点要素权重字段不存在!")
        sys.exit(1)
# 获取需要删除字段的名称
delete_fields_name_list = copy.copy(fields_name_list)
if id_field_name in delete_fields_name_list:
    delete_fields_name_list.remove(id_field_name)
if weight_field_name in delete_fields_name_list:
    delete_fields_name_list.remove(weight_field_name)
# 复制点要素到临时数据库中
arcpy.FeatureClassToFeatureClass_conversion(
    points_path, tmp_gdb_path, default_points_name)
gdb_points_path = tmp_gdb_path + "/" + default_points_name
# 删除多余字段
if add_id_field:
    arcpy.DeleteField_management(points_path, id_field_name)
if add_weight_field:
    arcpy.DeleteField_management(points_path, weight_field_name)
if len(delete_fields_name_list) > 0:
    arcpy.DeleteField_management(gdb_points_path, delete_fields_name_list)
# 如果需要,变更点要素ID和权重字段名
if id_field_name != default_points_id_field:
    arcpy.AlterField_management(
        gdb_points_path, id_field_name, default_points_id_field)
if weight_field_name != default_points_weight_field:
    arcpy.AlterField_management(
        gdb_points_path, weight_field_name, default_points_weight_field)
# 返回临时文件型地理数据库中的点要素数据存储路径
return gdb_points_path
```

读取网络边数据需要将数据导入文件型地理数据库，并检查输入的权重及方向字段名称，确保数据中包含这些字段并且数据类型符合要求。若没有输入权重字段名称，则按无权图处理，添加值全部为1的权重字段。若没有输入方向字段名称，则按无向图处理，添加值全部为0的方向字段。相应代码如下：

```
def read_network(
        tmp_gdb_path, network_path,
        weight_field_name=None, direction_field_name=None,
        default_network_name=gdb_network_name,
        default_network_weight_field=gdb_network_weight_field,
        default_network_direction_field=gdb_network_direction_field):
    """
    读取线要素数据
    :param tmp_gdb_path: 临时文件型地理数据库路径
    :param network_path: 线要素数据路径
    :param weight_field_name: 线要素权重字段名称
    :param direction_field_name: 线要素方向字段名称
    :param default_network_name: 临时文件型地理数据库中线要素默认存储名称
    :param default_network_weight_field: 临时文件型地理数据库中线要素默认权重字段
    :param default_network_direction_field: 临时文件型地理数据库中线要素默认方向字段
    :return: 临时文件型地理数据库中的线要素数据存储路径
    """
    # 设置线要素权重与方向字段支持类型
    weight_support_type = ["Integer", "SmallInteger", "Single", "Double"]
    # 获取线要素字段
    network_fields = arcpy.ListFields(network_path)
    fields_name_list = []
    fields_type_list = []
    # 获取要素包含的字段名称与类型
    for field in network_fields:
        field_name = field.name
        field_type = field.type
        if field_type not in ["OID", "Geometry"]:
            fields_name_list.append(field_name)
            fields_type_list.append(field_type)
    # 根据输入权重字段名称，处理线要素权重信息
    add_weight_field = False
    if weight_field_name is None:
```

```
        # 当输入权重字段名称为空时，
        # 添加临时权重字段,并且令所有点要素权重相同
        weight_field_name = "N_W"
        # 循环判断添加字段是否已存在
        tmp_count = 1
        while weight_field_name in fields_name_list:
            weight_field_name = "N_W_" + str(tmp_count)
            tmp_count = tmp_count + 1
        # 向线要素添加权重字段
        arcpy.AddField_management(network_path, weight_field_name, "LONG")
        add_weight_field = True
        # 向权重字段赋值
        arcpy.CalculateField_management(
            network_path, weight_field_name, "1", "PYTHON_9.3")
    else:
        # 当输入权重字段名称不为空
        if weight_field_name in fields_name_list:
            # 权重字段存在于线要素字段中时
            weight_idx = fields_name_list.index(weight_field_name)
            # 判断权重字段的数据类型是否支持
            if fields_type_list[weight_idx] not in weight_support_type:
                print("线要素权重字段数据类型错误!")
                sys.exit(1)
        else:
            # 权重字段不存在于线要素字段中时
            print("线要素权重字段不存在!")
            sys.exit(1)
    # 根据输入方向字段名称,处理线要素方向信息
    add_direction_field = False
    if direction_field_name is None:
        # 当输入方向字段名称为空时，
        # 添加临时方向字段,并且令所有线要素均为无向
        direction_field_name = "N_D"
        # 循环判断添加字段是否已存在
        tmp_count = 1
        while direction_field_name in fields_name_list:
            direction_field_name = "N_D_" + str(tmp_count)
            tmp_count = tmp_count + 1
```

```
        # 向线要素添加权重字段
        arcpy.AddField_management(network_path, direction_field_name, "LONG")
        add_direction_field = True
        # 向权重字段赋值
        arcpy.CalculateField_management(
            network_path, direction_field_name, "0", "PYTHON_9.3")
else:
    # 当输入方向字段名称不为空
    if direction_field_name in fields_name_list:
        # 方向字段存在于线要素字段中时
        direction_idx = fields_name_list.index(direction_field_name)
        # 判断权重字段的数据类型是否支持
        if fields_type_list[direction_idx] not in weight_support_type:
            print("线要素方向字段数据类型错误!")
            sys.exit(1)
    else:
        # 方向字段不存在于线要素字段中时
        print("线要素方向字段不存在!")
        sys.exit(1)
# 获取需要删除字段的名称
delete_fields_name_list = copy.copy(fields_name_list)
if weight_field_name in delete_fields_name_list:
    delete_fields_name_list.remove(weight_field_name)
if direction_field_name in delete_fields_name_list:
    delete_fields_name_list.remove(direction_field_name)
#复制线要素到临时数据库中
arcpy.FeatureClassToFeatureClass_conversion(
    network_path, tmp_gdb_path, default_network_name)
gdb_network_path = tmp_gdb_path + "/" + default_network_name
# 删除多余字段
if add_weight_field:
    arcpy.DeleteField_management(network_path, weight_field_name)
if add_direction_field:
    arcpy.DeleteField_management(network_path, direction_field_name)
if len(delete_fields_name_list) > 0:
    arcpy.DeleteField_management(gdb_network_path, delete_fields_name_list)
# 如果需要,变更线要素权重和方向字段名
if weight_field_name != default_network_weight_field:
```

```
        arcpy.AlterField_management(
            gdb_network_path, weight_field_name, default_network_weight_field)
    if direction_field_name != default_network_direction_field:
        arcpy.AlterField_management(
            gdb_network_path, direction_field_name, default_network_direction_field)
    # 返回临时文件型地理数据库中的线要素数据存储路径
    return gdb_network_path
```

导入网络边数据后,需要根据数据情况判断是否将边在相交处打断。为避免属性数据冗余,路网中的边一般不会在所有的相交处打断,这种情况会影响最终结果的准确性,因此需要打断。但有些情况下数据满足分析要求,不需要打断,因此将相交处打断道路的功能封装成一个函数,以便控制是否调用。其代码如下:

```
def split_network(
        tmp_gdb_path, network_name,
        network_weight_field=gdb_network_weight_field,
        network_direction_field=gdb_network_direction_field):
    """
    在相交处分割线要素
    :param tmp_gdb_path: 临时文件型地理数据库路径
    :param network_name: 临时文件型地理数据库中线要素名称
    :param network_weight_field: 临时文件型地理数据库中线要素权重字段
    :param network_direction_field: 临时文件型地理数据库中线要素方向字段
    :return: 临时文件型地理数据库中分割后线要素存储路径
    """
    # 根据线要素权重与方向字段对线要素进行融合
    tmp_dissolve_network_name = "D_" + network_name
    arcpy.Dissolve_management(
        tmp_gdb_path + "/" + network_name,
        tmp_gdb_path + "/" + tmp_dissolve_network_name,
        [network_weight_field, network_direction_field],
        "", "SINGLE_PART", "DISSOLVE_LINES")
    # 将线要素在相交处打断
    tmp_split_network_name = "S_" + network_name
    arcpy.FeatureToLine_management(
        tmp_gdb_path + "/" + tmp_dissolve_network_name,
        tmp_gdb_path + "/" + tmp_split_network_name)
    # 删除多余字段
    arcpy.DeleteField_management(
```

```
        tmp_gdb_path + "/" + tmp_split_network_name,
        "FID_" + tmp_dissolve_network_name)
    # 清除原有线要素与中间结果,并重命名结果
    arcpy.Delete_management(tmp_gdb_path + "/" + network_name)
    arcpy.Delete_management(tmp_gdb_path + "/" + tmp_dissolve_network_name)
    arcpy.Rename_management(
        tmp_gdb_path + "/" + tmp_split_network_name,
        tmp_gdb_path + "/" + network_name, "FeatureClass")
    # 返回临时文件型地理数据库中分割后线要素存储路径
    return tmp_gdb_path + "/" + network_name
```

根据算法步骤1,进行网络空间栅格化。在栅格化时,根据线要素的权重属性以及输入的线性单元基础长度,计算每条边的分割长度。在存储分割后的线性单元时,需要同时存储其权重与方向。网络空间栅格化代码如下:

```
def tessellate_network(
        tmp_gdb_path, network_name, tessellated_network_name, d,
        network_weight_field=gdb_network_weight_field,
        network_direction_field=gdb_network_direction_field):
    """
    线要素栅格化
    :param tmp_gdb_path: 临时文件型地理数据库路径
    :param network_name: 临时文件型地理数据库中线要素名称
    :param tessellated_network_name: 临时文件型地理数据库中栅格化线要素存储名称
    :param d: 线性单元基础长度
    :param network_weight_field: 临时文件型地理数据库中线要素权重字段
    :param network_direction_field: 临时文件型地理数据库中线要素方向字段
    :return: 临时文件型地理数据库中栅格化线要素存储路径
    """
    # 新建空白要素类,存储栅格化后的线要素
    arcpy.CreateFeatureclass_management(
        tmp_gdb_path, tessellated_network_name, "POLYLINE",
        tmp_gdb_path + "/" + network_name,
        "SAME_AS_TEMPLATE", "SAME_AS_TEMPLATE",
        tmp_gdb_path + "/" + network_name)
    # 读取线要素,并进行栅格化
    # 获取原始线要素类数据搜索游标
    search_cursor = arcpy.da.SearchCursor(
        tmp_gdb_path + "/" + network_name,
```

```
        ["SHAPE@", network_weight_field, network_direction_field])
    # 获取栅格化线要素类数据插入游标
    insert_cursor = arcpy.da.InsertCursor(
        tmp_gdb_path + "/" + tessellated_network_name,
        ["SHAPE@", network_weight_field, network_direction_field])
    # 对原始线要素类中每个线要素进行切分
    for feature in search_cursor:
        # 获取线要素几何、权重、方向与长度
        feature_polyline = feature[0]
        feature_weight = feature[1]
        feature_direction = feature[2]
        feature_length = feature[0].length
        # 计算线要素分割长度
        feature_d = float(feature_weight) * d
        # 迭代切分线要素
        start_measure = 0
        end_measure = feature_d
        while start_measure < feature_length:
            # 切分线要素
            sub_polyline = feature_polyline.segmentAlongLine(start_measure, end_measure)
            # 储存切分后线要素
            insert_cursor.insertRow([sub_polyline, feature_weight, feature_direction])
            # 更新分割点
            start_measure = start_measure + feature_d
            end_measure = end_measure + feature_d
    # 删除数据游标
    del search_cursor, insert_cursor
    # 返回临时文件型地理数据库中栅格化线要素存储名称
    return tmp_gdb_path + "/" + tessellated_network_name
```

算法步骤 4 需要查找到事件点最近的线性单元，因此编写最近邻分析的函数，代码如下：

```
def get_nearest_feature(in_features, near_features, keep_fields=None):
    """
    最近邻分析
    :param in_features: 输入要素路径
    :param near_features: 邻近要素路径
    :param keep_fields: 保留字段
```

```
    :return: 最近邻分析结果
    """
    # 处理保留字段为空的情况
    if keep_fields is None:
        keep_fields = []
    # 进行最近邻分析
    arcpy.Near_analysis(in_features, near_features)
    # 读取最近邻分析结果
    # 获取最近邻分析结果要素类数据搜索游标
    search_cursor = arcpy.da.SearchCursor(
        in_features, ["SHAPE@", "NEAR_FID"] + keep_fields)
    # 对最近邻分析结果进行整理
    near_obj = {}
    for feature in search_cursor:
        near_fid = feature[1]
        if near_fid in near_obj:
            near_obj[near_fid].append(feature)
        else:
            near_obj[near_fid] = [feature]
    del search_cursor
    # 删除多余字段
    arcpy.DeleteField_management(in_features, ["NEAR_FID", "NEAR_DIST"])
    # 返回最近邻分析结果
    return near_obj
```

同时,由于可能存在多个事件点对应同一个最近线性单元的特殊情况,因此需要对这些情况进行处理(参考本节结尾的提示)。而要处理此类情况,则要先识别出此类特殊情况。实现该特殊情况识别与处理功能的代码如下:

```
def get_same_nearest_feature(in_features, near_features, keep_fields=None):
    """
    获取最近邻为同一个线要素的情况
    :param in_features: 输入要素路径
    :param near_features: 邻近要素路径
    :param keep_fields: 保留字段
    :return: 最近邻相同情况处理结果
    """
    # 最近邻分析
    near_obj = get_nearest_feature(in_features, near_features, keep_fields=keep_fields)
```

```
    # 提取最近邻为同一个线要素的情况
    same_near_obj = {}
    for near_fid in near_obj:
        if len(near_obj[near_fid]) > 1:
            same_near_obj[near_fid] = near_obj[near_fid]
    # 最近邻为同一个线要素的结果
    return same_near_obj


def check_tessellated_network(
        tmp_gdb_path, tessellated_network_name, points_name,
        points_id_field=gdb_points_id_field,
        points_weight_field_name=gdb_points_weight_field,
        network_weight_field=gdb_network_weight_field,
        network_direction_field=gdb_network_direction_field):
    """
    检查线要素栅格化结果
    :param tmp_gdb_path: 临时文件型地理数据库路径
    :param tessellated_network_name: 临时文件型地理数据库中栅格化线要素名称
    :param points_name: 临时文件型地理数据库中点要素名称
    :param points_id_field: 临时文件型地理数据库中点要素 ID 字段
    :param points_weight_field_name: 临时文件型地理数据库中点要素权重字段
    :param network_weight_field: 临时文件型地理数据库中栅格化线要素权重字段
    :param network_direction_field: 临时文件型地理数据库中栅格化线要素方向字段
    :return: None
    """
    # 获取最近邻为同一个线要素的情况
    same_near_obj = get_same_nearest_feature(
        tmp_gdb_path + "/" + points_name, tmp_gdb_path + "/" + tessellated_net-
work_name,
        keep_fields=[points_id_field, points_weight_field_name])
    # 对多个点要素的最近邻为同一个栅格化线要素的情况进行再分割
    # 初始化新增栅格化线要素列表
    add_features_list = []
    # 获取栅格化线要素类数据更新游标
    update_cursor = arcpy.da.UpdateCursor(
        tmp_gdb_path + "/" + tessellated_network_name,
        ["OID@", "SHAPE@", network_weight_field, network_direction_field])
    # 对每个栅格化线要素进行判断
```

```
for feature in update_cursor：
    # 获取栅格化线要素 ObjectID
    fid = feature[0]
    if fid in same_near_obj：
        # 对于最近邻分析结果中对应多个点要素的栅格化线要素进行再分割
        # 获取该栅格化线要素的几何、权重与方向
        feature_polyline = feature[1]
        feature_weight = feature[2]
        feature_direction = feature[3]
        # 获取与该栅格化线要素邻近的点要素
        features_near_line = same_near_obj[fid]
        # 获取每个点要素在栅格化线要素上的最近的点
        nearest_points_obj = {}
        for near_feature in features_near_line：
            # 获取点要素的几何、ID 与权重
            near_feature_point = near_feature[0]
            near_feature_id = near_feature[2]
            near_feature_weight = near_feature[3]
            # 获取点要素在栅格化线要素上的最近点的位置
            near_feature_point_on_line = \
                feature_polyline. queryPointAndDistance(
                    near_feature_point)
            length = near_feature_point_on_line[1]
            # 记录对应点位置
            if length in nearest_points_obj：
                # 对应点位置一致时，
                # 记录权重最大的点在栅格化线要素上对应点的位置
                if nearest_points_obj[length][2] < near_feature_weight：
                    nearest_points_obj[length] = [
                        length，near_feature_id，near_feature_weight]
            else：
                nearest_points_obj[length] = [
                    length，near_feature_id，near_feature_weight]
        # 对所有栅格化线要素上的最近的点的位置进行排序
        nearest_points_list = []
        for point in nearest_points_obj：
            nearest_points_list. append(nearest_points_obj[point])
        nearest_points_list. sort()
```

```
        # 根据不同点的权重，在线要素上对应的两个位置之间进行分割
        split_start_measure = 0
        for i in range(len(nearest_points_list) - 1):
            # 获取前一个点的位置与权重
            p1_len = nearest_points_list[i][0]
            p1_weight = nearest_points_list[i][2]
            # 获取后一个点的位置与权重
            p2_len = nearest_points_list[i + 1][0]
            p2_weight = nearest_points_list[i + 1][2]
            # 根据权重计算分割位置
            split_end_measure = \
                p1_len + (p2_len - p1_len) * (p1_weight / (p1_weight + p2_weight))
            # 分割线要素
            sub_polyline = \
                feature_polyline.segmentAlongLine(
                    split_start_measure, split_end_measure)
            # 记录分割的线要素
            add_features_list.append([sub_polyline, feature_weight, feature_direction])
            split_start_measure = split_end_measure
        # 处理分割后的最后一部分
        split_end_measure = feature_polyline.length
        sub_polyline = \
            feature_polyline.segmentAlongLine(split_start_measure, split_end_measure)
        add_features_list.append([sub_polyline, feature_weight, feature_direction])
        # 删除被分割线要素的原始记录
        update_cursor.deleteRow()
    del feature, update_cursor
    # 获取栅格化线要素类数据的插入游标
    insert_cursor = arcpy.da.InsertCursor(
        tmp_gdb_path + "/" + tessellated_network_name,
        ["SHAPE@", network_weight_field, network_direction_field])
    for feature in add_features_list:
        # 储存切分后的线要素
        insert_cursor.insertRow(feature)
    del insert_cursor
    return

def check_points(
        tmp_gdb_path, points_name, tessellated_network_name,
```

```
    points_id_field=gdb_points_id_field,
    points_weight_field_name=gdb_points_weight_field):
"""
检查距离栅格化线要素上最近位置相同的点要素
:param tmp_gdb_path:临时文件型地理数据库路径
:param points_name:临时文件型地理数据库中点要素名称
:param tessellated_network_name:临时文件型地理数据库中栅格化线要素名称
:param points_id_field:临时文件型地理数据库中点要素 ID 字段
:param points_weight_field_name:临时文件型地理数据库中点要素权重字段
:return:None
"""
# 获取最近邻为同一个线要素的情况
same_near_obj = get_same_nearest_feature(
    tmp_gdb_path + "/" + points_name, tmp_gdb_path + "/" + tessellated_network_name,
    keep_fields=[points_id_field, points_weight_field_name])
# 栅格化线要素所对应点要素中,保留权重最大的点,删除其他点
delete_pid = []
for near_fid in same_near_obj:
    # 获取邻近点要素
    features = same_near_obj[near_fid]
    max_weight_pid = None
    max_weight = None
    # 对每个点要素依次判断最大权重,并记录其他点要素 ID
    for feature in features:
        point_id = feature[2]
        point_weight = feature[3]
        if max_weight is None:
            max_weight_pid = point_id
            max_weight = point_weight
        else:
            if point_weight > max_weight:
                delete_pid. append(max_weight_pid)
                max_weight_pid = point_id
                max_weight = point_weight
            else:
                delete_pid. append(point_id)
# 获取点要素类数据的更新游标
update_cursor = arcpy. da. UpdateCursor(
```

```
        tmp_gdb_path + "/" + points_name, [points_id_field])
    # 删除记录的点要素 ID
    for feature in update_cursor:
        if feature[0] in delete_pid:
            update_cursor.deleteRow()
    del update_cursor
    return
```

根据算法步骤 2 建立线性单元集合 R' 内各个线性单元的拓扑关系，相关代码如下：

```
def create_graph_edges_table(
        tmp_gdb_path, tessellated_network_name, graph_table_name,
        network_direction_field=gdb_network_direction_field):
    """
    创建用于生成图结构的边集的表格
    :param tmp_gdb_path: 临时文件型地理数据库路径
    :param tessellated_network_name: 临时文件型地理数据库中栅格化线要素名称
    :param graph_table_name: 临时文件型地理数据库中边集表格存储名称
    :param network_direction_field: 临时文件型地理数据库中栅格化线要素方向字段
    :return: None
    """
    # 空间连接
    tmp_spatial_join_name = "SJ_" + tessellated_network_name
    arcpy.SpatialJoin_analysis(
        tmp_gdb_path + "/" + tessellated_network_name,
        tmp_gdb_path + "/" + tessellated_network_name,
        tmp_gdb_path + "/" + tmp_spatial_join_name,
        "JOIN_ONE_TO_MANY", "KEEP_COMMON", "",
        "BOUNDARY_TOUCHES", "", "")
    # 创建图结构边集表格
    arcpy.CreateTable_management(tmp_gdb_path, graph_table_name)
    # 向表格添加起始节点 ID 字段与目标节点 ID 字段
    arcpy.AddField_management(tmp_gdb_path + "/" + graph_table_name, "O_ID", "
LONG")
    arcpy.AddField_management(tmp_gdb_path + "/" + graph_table_name, "D_ID", "
LONG")
    # 获取栅格化线要素的端点信息
    sn_end_points = {}
    # 获取栅格化线要素类查询游标
```

```
search_cursor = arcpy.da.SearchCursor(
    tmp_gdb_path + "/" + tessellated_network_name,
    ["OID@", "SHAPE@", network_direction_field])
for feature in search_cursor:
    # 获取线要素 ID、几何与方向
    feature_id = feature[0]
    feature_polyline = feature[1]
    feature_direction = feature[2]
    # 根据不同方向记录端点
    sn_end_points[feature_id] = {}
    if feature_direction > 0:
        # 以线要素几何中的点坐标排列方向为正方向时
        sn_end_points[feature_id]["fp"] = feature_polyline.firstPoint
        sn_end_points[feature_id]["lp"] = feature_polyline.lastPoint
        sn_end_points[feature_id]["directed"] = True
    elif feature_direction < 0:
        # 以线要素几何中的点坐标排列方向为反方向时
        sn_end_points[feature_id]["fp"] = feature_polyline.lastPoint
        sn_end_points[feature_id]["lp"] = feature_polyline.firstPoint
        sn_end_points[feature_id]["directed"] = True
    else:
        # 线要素无向时
        sn_end_points[feature_id]["fp"] = feature_polyline.firstPoint
        sn_end_points[feature_id]["lp"] = feature_polyline.lastPoint
        sn_end_points[feature_id]["directed"] = False
# 判断邻接关系是否构成图结构中的边
# 获取空间连接结果的查询游标
search_cursor = arcpy.da.SearchCursor(
    tmp_gdb_path + "/" + tmp_spatial_join_name, ["TARGET_FID", "JOIN_FID"])
# 获取图结构边集表格的插入游标
insert_cursor = arcpy.da.InsertCursor(
    tmp_gdb_path + "/" + graph_table_name, ["O_ID", "D_ID"])
for row in search_cursor:
    o_id = row[0]
    d_id = row[1]
    # 针对分割后的线要素是否有向分类讨论
    if sn_end_points[o_id]["directed"]:
        # 起始节点对应线要素有向
```

```
            if sn_end_points[d_id]["directed"]:
                # 目标节点对应线要素有向
                o_last_point = sn_end_points[o_id]["lp"]
                d_first_point = sn_end_points[d_id]["fp"]
                if o_last_point.equals(d_first_point):
                    insert_cursor.insertRow(row)
            else:
                # 目标节点对应线要素无向
                insert_cursor.insertRow(row)
        else:
            # 起始节点对应线要素无向
            if sn_end_points[d_id]["directed"]:
                # 目标节点对应线要素有向
                o_first_point = sn_end_points[o_id]["fp"]
                o_last_point = sn_end_points[o_id]["lp"]
                d_first_point = sn_end_points[d_id]["fp"]
                if o_first_point.equals(d_first_point) or \
                    o_last_point.equals(d_first_point):
                    insert_cursor.insertRow(row)
            else:
                # 目标节点对应线要素无向
                insert_cursor.insertRow(row)
    del search_cursor, insert_cursor
    # 清除中间结果
    arcpy.Delete_management(tmp_gdb_path + "/" + tmp_spatial_join_name)
    return


def create_directed_graph(tmp_gdb_path, graph_table_name):
    """
    根据图结构的边集表格生成图
    :param tmp_gdb_path: 临时文件型地理数据库路径
    :param graph_table_name: 临时文件型地理数据库中边集表格名称
    :return: 记录邻接关系的有向图结构
    """
    directed_graph = {}
    # 获取图结构边集表格的查询游标
    search_cursor = arcpy.da.SearchCursor(
        tmp_gdb_path + "/" + graph_table_name, ["O_ID", "D_ID"])
    # 遍历每一条边,记录每个节点的相邻节点
```

```
    for edge in search_cursor:
        o_id = edge[0]
        d_id = edge[1]
        if o_id in directed_graph:
            directed_graph[o_id].add(d_id)
        else:
            directed_graph[o_id] = {d_id}
    # 返回记录邻接关系的有向图结构
    return directed_graph
```

根据算法步骤3初始化线性单元状态和源头信息的代码如下：

```
def initiate_lixels_info(tmp_gdb_path, tessellated_network_name):
    """
    初始化线性单元(lixels)属性信息
    :param tmp_gdb_path: 临时文件型地理数据库路径
    :param tessellated_network_name: 临时文件型地理数据库中细化线要素名称
    :return: 初始化后的线性单元属性信息
    """
    # 获取细化线要素类的查询游标
    search_cursor = arcpy.da.SearchCursor(
        tmp_gdb_path + "/" + tessellated_network_name, ["OID@"])
    # 初始化每个线性单元源头、源头对应权重与是否被占用
    lixels_info = {}
    for feature in search_cursor:
        feature_id = feature[0]
        lixels_info[feature_id] = {}
        lixels_info[feature_id]["source"] = None
        lixels_info[feature_id]["weight"] = None
        lixels_info[feature_id]["occupied"] = False
    # 返回初始化后的线性单元属性信息
    return lixels_info
```

根据算法步骤4，需要搜索到事件点最近的边，确定水流扩展的起始位置，用于初始化活动队列。相应代码如下：

```
def search_lixels_closest_to_point(
        tmp_gdb_path, points_name, tessellated_network_name,
        directed_graph, lixels_info,
        points_id_field=gdb_points_id_field,
```

```
        points_weight_field_name=gdb_points_weight_field):
    """
    搜索源头
    :param tmp_gdb_path: 临时文件型地理数据库路径
    :param points_name: 临时文件型地理数据库中点要素名称
    :param tessellated_network_name: 临时文件型地理数据库中细化线要素名称
    :param directed_graph: 记录邻接关系的有向图结构
    :param lixels_info: 初始化后的线性单元属性信息
    :param points_id_field: 临时文件型地理数据库中点要素 ID 字段
    :param points_weight_field_name: 临时文件型地理数据库中点要素权重字段
    :return: 搜索源头后的线性单元属性信息,初始化的活动集合
    """
    # 最近邻分析
    near_obj = get_nearest_feature(
        tmp_gdb_path + "/" + points_name,
        tmp_gdb_path + "/" + tessellated_network_name,
        keep_fields=[points_id_field, points_weight_field_name])
    # 初始化活动集合
    active_set = set()
    # 根据最近邻分析结果,记录源头对应的线性单元信息
    for near_fid in near_obj:
        lixels_info[near_fid]["source"] = near_obj[near_fid][0][2]
        lixels_info[near_fid]["weight"] = near_obj[near_fid][0][3]
        lixels_info[near_fid]["occupied"] = True
        if near_fid in directed_graph:
            # 如果源头对应的线性单元存在进一步邻接的线性单元
            # 记录该线性单元到活动集合
            active_set.add(near_fid)
    # 搜索源头后的线性单元属性信息与初始化的活动集合
    return lixels_info, active_set
```

步骤 5 至步骤 7 是该算法的核心,通过循环处理并更新活动队列,实现水流的扩展。相关代码如下:

```
def iterate_flow_extension(directed_graph, lixels_info, active_set):
    """
    水流扩展迭代
    :param directed_graph: 记录邻接关系的有向图结构
    :param lixels_info: 搜索源头后的线性单元属性信息
```

```
:param active_set: 初始化的活动集合
:return: 完成标记的线性单元属性信息
"""
# 当活动集合非空时,对每个要素进行水流扩展
while len(active_set) > 0:
    # 初始化下次循环中的活动集合
    new_active_set = set()
    for active_id in active_set:
        # 获取活动线性单元对应的源头和权重
        active_source = lixels_info[active_id]["source"]
        active_weight = lixels_info[active_id]["weight"]
        # 根据权重扩展
        current_set = {active_id}
        step = 1
        # 扩展步数不超过权重则继续扩展
        while step <= active_weight:
            # 初始化下一步线性单元集合
            all_next_set = set()
            # 对当前线性单元集合中每个线性单元,搜索下一步线性单元
            for current_id in current_set:
                next_set = directed_graph[current_id]
                # 更新下一步线性单元集合中未占用的线性单元的属性信息
                for next_id in next_set:
                    if not lixels_info[next_id]["occupied"]:
                        lixels_info[next_id]["source"] = active_source
                        lixels_info[next_id]["weight"] = active_weight
                        lixels_info[next_id]["occupied"] = True
                        if next_id in directed_graph:
                            # 记录下一步 lixel 的 ID
                            all_next_set.add(next_id)
            # 更新当前线性单元集合
            current_set = all_next_set
            step = step + 1
        new_active_set = new_active_set.union(current_set)
    # 更新活动集合
    active_set = new_active_set
# 返回完成标记的线性单元属性信息
return lixels_info
```

通过上述水流扩展步骤，可以得到每个线性单元中水流的源头。为实现算法步骤8，先将源头线性单元的ID写入属性表，再将源头ID属性相同的相邻线性单元进行融合，最终得到网络Voronoi图结果。相关代码如下：

```
def classify_lixels(
        tmp_gdb_path, points_name,
        tessellated_network_name, classified_lixels_name, lixels_info,
        points_id_field=gdb_points_id_field,
        points_weight_field_name=gdb_points_weight_field):
    """
    对线性单元分组
    :param tmp_gdb_path: 临时文件型地理数据库路径
    :param points_name: 临时文件型地理数据库中点要素名称
    :param tessellated_network_name: 临时文件型地理数据库中栅格化线要素名称
    :param classified_lixels_name: 临时文件型地理数据库中分组后线性单元要素名称
    :param lixels_info: 搜索源头后的线性单元属性信息
    :param points_id_field: 临时文件型地理数据库中点要素 ID 字段
    :param points_weight_field_name: 临时文件型地理数据库中点要素权重字段
    :return: None
    """
    #复制栅格化线要素作为分组后线性单元要素用于存储分组结果
    arcpy.Copy_management(tmp_gdb_path + "/" + tessellated_network_name,
                          tmp_gdb_path + "/" + classified_lixels_name)
    # 向分组后线性单元要素添加对应点 ID 字段
    points_fields = arcpy.ListFields(tmp_gdb_path + "/" + points_name)
    points_id_field_type=None
    for field in points_fields:
        field_name =field.name
        if field_name==points_id_field:
            points_id_field_type=field.type
    if points_id_field_type is None:
        print("数据库中点要素无 ID 字段!")
        sys.exit(1)
    elif points_id_field_type in ["OID", "Integer", "SmallInteger"]:
        arcpy.AddField_management(
            tmp_gdb_path + "/" + classified_lixels_name, points_id_field, "LONG")
    elif points_id_field_type in ["Single", "Double"]:
        arcpy.AddField_management(
```

```
            tmp_gdb_path + "/" + classified_lixels_name, points_id_field, "DOUBLE")
    elif points_id_field_type == "String":
        arcpy.AddField_management(
            tmp_gdb_path + "/" + classified_lixels_name, points_id_field, "TEXT")
    else:
        print("数据库中点要素 ID 字段数据类型错误!")
        sys.exit(1)
    # 向分组后线性单元要素添加对应点权重字段
    arcpy.AddField_management(
        tmp_gdb_path + "/" + classified_lixels_name,
        points_weight_field_name, "LONG")
    # 获取分组后线性单元要素类的数据更新游标
    update_cursor = arcpy.da.UpdateCursor(
        tmp_gdb_path + "/" + classified_lixels_name,
        ["OID@", points_id_field, points_weight_field_name])
    # 根据线性单元要素的 ID 更新其对应点的 ID 与权重
    for feature in update_cursor:
        feature_id = feature[0]
        if feature_id in lixels_info:
            feature[1] = lixels_info[feature_id]["source"]
            feature[2] = lixels_info[feature_id]["weight"]
            update_cursor.updateRow(feature)
    return

def dissolve_lixels(
        tmp_gdb_path, classified_lixels_name, network_voronoi_diagram_name,
        points_id_field=gdb_points_id_field,
        points_weight_field_name=gdb_points_weight_field):
    """
    生成网络 Voronoi 图
    :param tmp_gdb_path: 临时文件型地理数据库路径
    :param classified_lixels_name: 临时文件型地理数据库中分组后线性单元要素名称
    :param network_voronoi_diagram_name: 临时文件型地理数据库中网络 Voronoi 图存储名称
    :param points_id_field: 临时文件型地理数据库中分组后线性单元要素内对应点 ID 字段
    :param points_weight_field_name: 临时文件型地理数据库中分组后线性单元要素内对应点权重字段
    :return: None
```

```
    """
    # 根据对应点 ID 与权重对分组后线性单元要素进行融合
    arcpy.Dissolve_management(
        tmp_gdb_path + "/" + classified_lixels_name,
        tmp_gdb_path + "/" + network_voronoi_diagram_name,
        [points_id_field, points_weight_field_name],
        "", "SINGLE_PART", "DISSOLVE_LINES")
    return
```

最后，根据算法流程对上述各函数进行整合，封装为一个具备网络 Voronoi 图生成功能的函数，代码如下：

```
def arc_network_voronoi_diagram(
        tmp_gdb_path, points_path, network_path, d,
        points_id_field_name=None, points_weight_field_name=None,
        network_weight_field_name=None, network_direction_field_name=None,
        default_points_name=gdb_points_name,
        default_points_id_field=gdb_points_id_field,
        default_points_weight_field=gdb_points_weight_field,
        default_network_name=gdb_network_name,
        default_network_weight_field=gdb_network_weight_field,
        default_network_direction_field=gdb_network_direction_field,
        split_network_before_tessellate=False
):
    """
    基于流水模型生成网络 Voronoi 图
    :param tmp_gdb_path: 临时文件型地理数据库路径
    :param points_path: 输入点要素数据路径
    :param network_path: 输入线要素数据路径
    :param d: 栅格单位长度
    :param points_id_field_name: 输入点要素中 ID 字段名称
    :param points_weight_field_name: 输入点要素中权重字段名称
    :param network_weight_field_name: 输入线要素中权重字段名称
    :param network_direction_field_name: 输入线要素中方向字段名称
    :param default_points_name: 临时文件型地理数据库中点要素默认存储名称
    :param default_points_id_field: 临时文件型地理数据库中点要素默认 ID 字段
    :param default_points_weight_field: 临时文件型地理数据库中点要素默认权重字段
    :param default_network_name: 临时文件型地理数据库中线要素默认存储名称
    :param default_network_weight_field: 临时文件型地理数据库中线要素默认权重字段
```

```
:param default_network_direction_field: 临时文件型地理数据库中线要素默认方向字段
:param split_network_before_tessellate: 是否打断线要素中相交线
:return: None
"""
start_time = time.time()
print("创建临时数据库...")
create_temp_gdb(tmp_gdb_path)
print("读取点要素数据...")
read_points(
     tmp_gdb_path, points_path, points_id_field_name, points_weight_field_name,
     default_points_name, default_points_id_field, default_points_weight_field)
print("读取线要素数据...")
read_network(
    tmp_gdb_path, network_path,
    network_weight_field_name, network_direction_field_name,
    default_network_name,
    default_network_weight_field, default_network_direction_field)
if split_network_before_tessellate:
    print("打断线要素...")
    split_network(
        tmp_gdb_path, default_network_name,
        default_network_weight_field, default_network_direction_field)
print("细化线要素...")
tessellated_network_name= "Tessellated_" + default_network_name
tessellate_network(
    tmp_gdb_path, default_network_name, tessellated_network_name, d,
    default_network_weight_field, default_network_direction_field)
print("检查细化线要素结果...")
check_tessellated_network(
    tmp_gdb_path, tessellated_network_name, default_points_name,
    default_points_id_field, default_points_weight_field,
    default_network_weight_field, default_network_direction_field)
print("检查距离细化后线要素上最近位置相同的点要素...")
check_points(
    tmp_gdb_path, default_points_name, tessellated_network_name,
    default_points_id_field, default_points_weight_field)
print("创建图结构...")
graph_table_name = tessellated_network_name + "Edges_Table"
```

```
    create_graph_edges_table(
        tmp_gdb_path, tessellated_network_name, graph_table_name,
        default_network_direction_field)
    directed_graph = create_directed_graph(tmp_gdb_path, graph_table_name)
    print("初始化 lixels 属性...")
    lixels_info = initiate_lixels_info(tmp_gdb_path, tessellated_network_name)
    print("搜索源头并初始化活动集合...")
    lixels_info, active_set = search_lixels_closest_to_point(
        tmp_gdb_path, default_points_name, tessellated_network_name,
        directed_graph, lixels_info,
        default_points_id_field, default_points_weight_field)
    print("水流扩展迭代...")
    lixels_info = iterate_flow_extension(directed_graph, lixels_info, active_set)
    print("对 lixels 分组...")
    classified_lixels_name = "Classified" + tessellated_network_name
    classify_lixels(
        tmp_gdb_path, default_points_name,
        tessellated_network_name, classified_lixels_name, lixels_info,
        default_points_id_field, default_points_weight_field)
    print("生成网络 Voronoi 图...")
    network_voronoi_diagram_name = "NetVD_" + default_network_name
    dissolve_lixels(
        tmp_gdb_path, classified_lixels_name, network_voronoi_diagram_name,
        default_points_id_field, default_points_weight_field)
    end_time = time.time()
    print("完成！共耗时 %.2f 分钟" % ((end_time - start_time)/ 60.0))
    return
```

完成 ArcNVD 模块后，编写示例代码展示该模块中网络 Voronoi 图生成功能的使用方法，保存在 example.py 文件中，内容如下：

```
# -*-coding: UTF-8-*-
import os
import ArcNVD

gdb_path = os.getcwd() + "/temp.gdb"
point_path = "data/points.shp"
network_path = "data/road.shp"
d = 10
```

```
ArcNVD.arc_network_voronoi_diagram(
    gdb_path, point_path, network_path, d,
    points_id_field_name="P_ID", points_weight_field_name="P_W",
    network_weight_field_name="Net_W", network_direction_field_name="Net_D"
)
```

运行以上示例代码,得到基于水流扩展思想的网络 Voronoi 图生成算法结果。通过 ArcMap 显示,数据如图 2.6(a)所示,结果如图 2.6(b)所示。

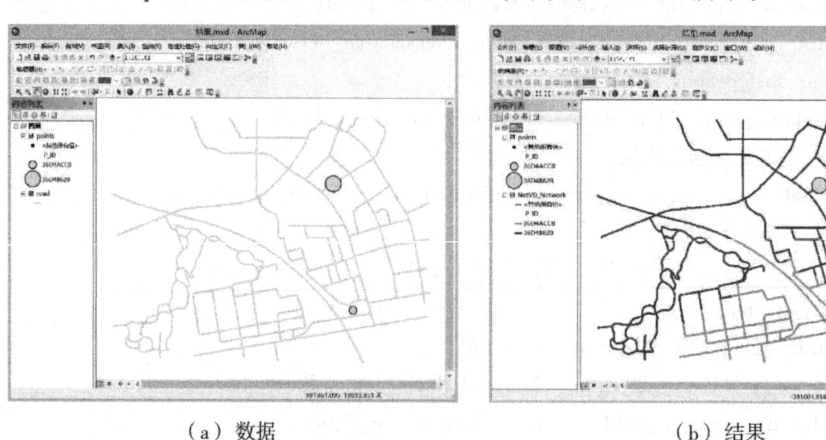

（a）数据　　（b）结果

图 2.6　基于水流扩展思想的网络 Voronoi 图生成算法的运行结果

提示:

通过编程实现该算法,我们可以发现该算法的一些问题,感兴趣的读者可深入研究。

(1)多个事件点对应的最近线性单元可能是同一个线性单元。对于这种情况我们采用了一种再分割的方式进行处理。

以两个事件点为例(多于两个事件点的情况同理),记两个事件点为 P_i、P_j,对应的权重分别为 Z_i、Z_j,到这两点最近的线性单元均为 L,L 的两端点分别为 A、B,点 P_i、P_j 在 L 的折线上距离两点最近的点分别为 M、N,如图 2.7(a)所示。

若 M、N 位置不同,则在点 O 处进行分割,如图 2.7(b)所示,点 O 满足

$$\overline{MO}=\frac{Z_i}{Z_i+Z_j}\overline{MN}$$

$$\overline{NO}=\frac{Z_j}{Z_i+Z_j}\overline{MN}$$

式中:$\overline{MN}$ 为沿折线从点 M 到点 N 的距离;$\overline{MO}$ 为沿折线从点 M 到点 O 的距离;$\overline{NO}$ 为沿折线从点 N 到点 O 的距离。分割后距点 P_i 最近的线性单元为原线性单元的点 M 到点 O 段,距点 P_j 最近的线性单元为原线性单元的点 O 到点 N 段。

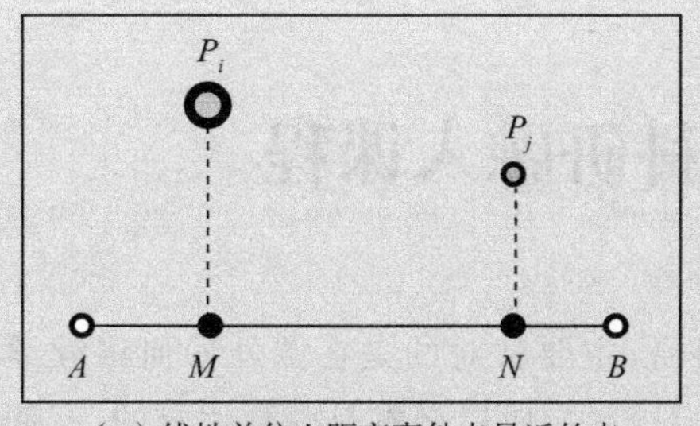

(a) 线性单位上距离事件点最近的点

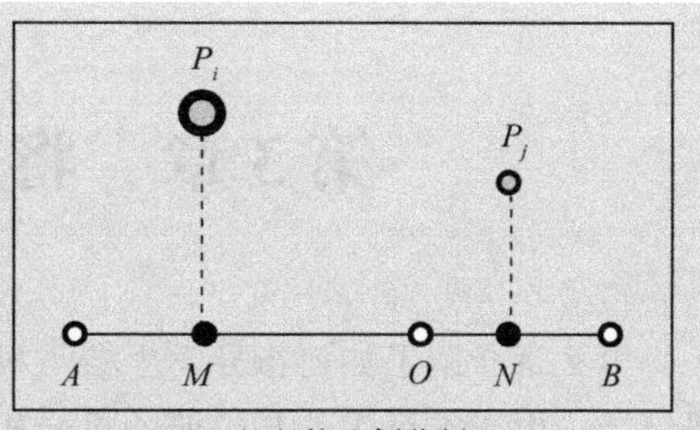

(b) 按比例分割

图 2.7　事件点对应最近线性单元为同一目标

若点 M、点 N 位置相同，则保留权重较大的事件点，删除权重较小的事件点。

(2)由于在给定分割长度的情况下，路段很难恰好被分为等长的多段，路段末端剩余的线性单元的长度可能小于该路段上其他线性单元的长度。因此同一路段从不同端开始分割，最后生成的网络 Voronoi 图形态会略有不同，如图 2.8 所示。

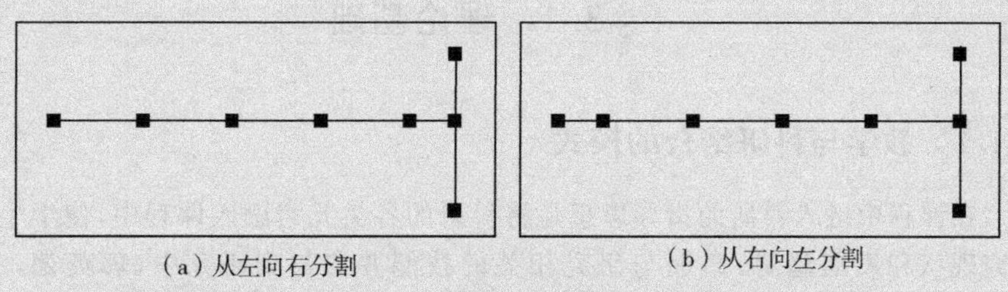

(a) 从左向右分割　(b) 从右向左分割

图 2.8　路段不同分割方式

(3)在两股水流相遇处附近，扩展处理过程中元素加入活动队列的顺序不同会导致扩展结果存在差异，如图 2.9 所示。

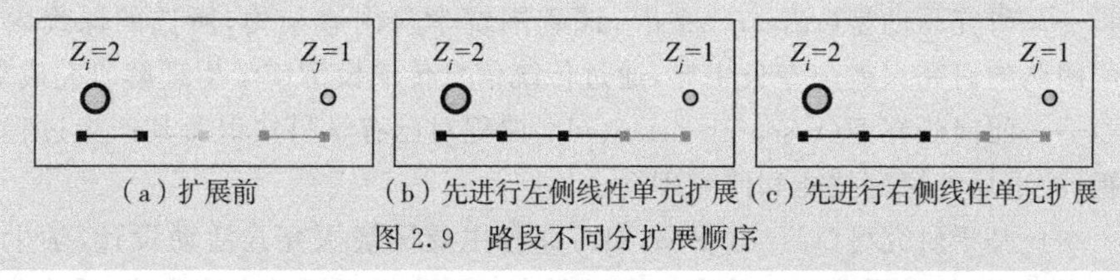

(a) 扩展前　(b) 先进行左侧线性单元扩展　(c) 先进行右侧线性单元扩展

图 2.9　路段不同分扩展顺序

如果不会编程，做研究会受到至少两类限制。第一，GIS 研究的很多实验都与计算机相关，做实验可能要靠“几张皮”，因为一般不会有某一款软件是完全按照你的实验定制，所以实验过程中可能步骤 1 在某个软件下实现，步骤 2 在另一个软件下实现，这样容易出错，还可能出现现有软件没有相应功能导致实验无法进行的情况。如果会编程，可以按照自己的需求定制实验，也可以开发现有软件中缺失的功能。第二，无法进行算法类研究。上述例子中，如果艾廷华教授等不会编程，那么就无法实现基于水流模型的网络 Voronoi 图生成算法；我们如果无法编程实现该算法，也就无法深刻认识到该算法存在的一些问题。综上可知，编程是很重要的能力。

第 3 章　将科研融入课程

第 2 章介绍了如何指导学生参与科研，主要针对的是在课外如何将教学与科研结合。由于本科生参与科研的机会相对较少，所以必然是少数优秀的、有额外时间和精力的学生参加。如果能在课程中融入科研，那么将使所有上课的学生受益。本章关注在课堂上将教学与科研结合，以 GIS 专业的 MATLAB 课程为例，探讨如何将科研融入课程。本研究的思路不限于教授 MATLAB，可以扩展至其他计算机类课程。

§3.1　理论基础

3.1.1　教学与科研结合的模式

在课程中融入科研的指导思想是将科研的各类元素融入课程中，使学生了解研究现状和发展趋势，掌握与研究相关的技能并参与到研究中(郭英德，2011；Healey et al，2009)。同时与指导不同，课程的讲授具有公开和正式的性质，所以课程如何设计至关重要。针对如何在课程中融合科研，Griffiths(2004)总结了四种模式：

——研究驱动型(research-led)，课程围绕学科内容架构，所选的课程内容由教学团队的研究兴趣与专长主导，通过传统信息传输模型使学生理解研究成果。

——面向研究型(research-oriented)，课程对已有学科知识及其产生过程同等重视，注重培养探究技能和研究理念。

——基于研究型(research-based)，课程主要围绕探究式活动设计，学生作为研究者学习，教学团队的经验在探究过程中与学生学习活动高度集成，最小化教师与学生的角色差别。

——研究启发型(research-informed)，对教学过程本身进行系统性探究。

在 Griffiths(2004)研究的基础上，Healey(2005a)根据课程是强调研究内容还是强调研究过程和问题、以学生为中心还是以教师为中心、学生作为参与者还是观众这三个维度，修正了上述四种教学与科研结合的模式，将研究启发型替换为研究指导型(research-tutored)。随后 Healey 等(2009)再次对模型进行了修改，删除了以学生为中心—以教师为中心这个维度，最终形成如图 3.1 所示(Healey et al，2009)的教学与科研结合的模式。

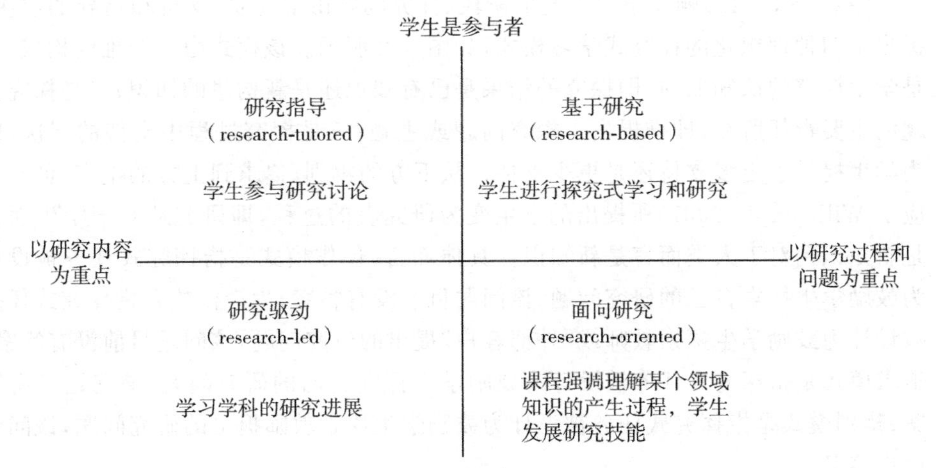

图3.1　教学与科研结合的模式

其中基于研究的教学被认为是最使学生受益的模式(Healey，2005a；Spronken-Smith et al，2008a；Horta et al，2012)，因为此种模式下，课程围绕探究式的活动设计，学生作为研究者，进行探究式的学习。

3.1.2　探究式学习

探究式学习(inquiry-based learning)没有统一的定义，通俗而言，它是一种由问题驱动、以学生为中心的学习方法，旨在帮助学生培育研究技能(Spronken-Smith et al，2008a)，其核心要素包括(Spronken-Smith et al，2010)：

——学习由探究触发，即由问题驱动；

——学习建立在创造知识和新的理解的过程之上；

——它是一种主动学习的方法，涉及实践学习；

——它是一种以学生为主的教学方法，教师的角色是促进者；

——它是迈向自引导学习的关键一步，使学生对自身学业更加负责。

探究式学习有助于学生深度学习，广泛应用于各个学科，备受推崇(Boyer Commission，1998；Spronken-Smith et al，2009；Spronken-Smith et al，2010；Walkington et al，2011；Levy et al，2012；Healey et al，2014；Fuller et al，2014；Al-Maktoumi et al，2016)。一般而言，探究式学习分为熟悉、构想、调研、结论和讨论等阶段(Pedaste et al，2015)。Spronken-Smith等(2010)提出了三类探究式学习。第一类是结构化探究，教师提出问题以及解决问题的大致方法；第二类是指导型探究，教师提出问题并触发探究，学生自引导探索问题；第三类是开放式探究，学生自己提出问题，自己解决问题。

Levy等(2012)顾及学生探究的阶段、探究问题由谁建立、支持和指导的层次，提出了四种理想化的探究式学习模式，如图3.2所示。该模式由三个维度构成：一是学生探究的认知取向，即探究的结果是已有知识还是新构建的知识；二是探究主题的主要责任所在，即谁提出了探究问题或主题；三是探究过程中支持的层次，即为学生提供了更多支持还是更少支持。从下方的辨别/追求到上方的生产/创作对应了Willison等(2007)所提出的学生变为研究者的过程，即研究从对于学生而言是新知识到对于人类而言是新知识。具体而言，创作模式是指探究式任务被设计为鼓励学生探索自己的研究问题，该问题目前没有答案；生产模式是指探究式任务被设计为鼓励学生探索教师或“外部客户”提出的研究问题，该问题目前没有答案；追求模式是指探究式任务被设计为鼓励学生探究自己的研究问题，该问题已有答案；辨别模式是指探究式任务被设计为鼓励学生探索教师提出的研究问题，该问题已有答案。

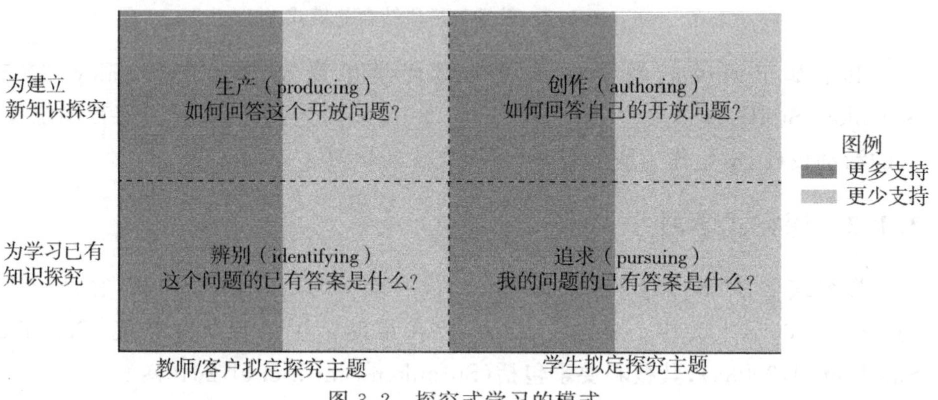

图3.2 探究式学习的模式

另外，Aditomo等(2013)根据内容/实践以及是否面向用户两个维度，定义了7种探究式学习的形式：

(1)学术研究，要求学生提出问题(可由教师给定宽泛主题)并收集实证数据来解决所提问题。

(2)简化研究，模仿典型的学术研究，但只要求学生进行数据收集与分析的部分方面，且研究问题预先给定，方法和分析框架通常也在相关课程或阅读材料中给出。

(3)基于文献的探究，要求学生对给定主题或概念的科学文献进行评述，这项任务不涉及实证性的数据收集，结果通常以书面形式呈现，但也可仅口头汇报文献查阅的结果。

(4)基于讨论的探究，围绕独立调研的结果展开教师引导下的或小组内部的讨论，讨论形式不拘泥于线上线下，结构化程度也可灵活掌握。

(5)应用研究,与简化研究类似,要求学生收集部分数据来解决问题,但所解决的问题更注重实际。

(6)模拟应用研究,与应用研究类似,结果要能解决实际问题,二者的区别在于模拟应用研究不要求学生设计和实施数据收集,仅采用虚构的场景或数据。

(7)实际操作演练,通过学生扮演专业相关的角色进行探究,要求向真实或假想的客户提供服务或制造实物产品。

§3.2 课程设计的基本思路

第一个思路是在课程设计中混合运用教学与科研结合的四种模式。在设计课程的过程中,通常可能以某种教学与科研结合的模式为主,如基于研究型。但整个课程往往不局限于某一种形式。例如为使学生能够进行研究,需介绍已有研究成果或者讲述如何实现某一研究,这时就使用了研究驱动型和面向研究型两种模式。Harris等(2010)通过新的研究成果与共同学习的结合,设计了一种研究驱动型和基于研究型两种主要模式结合的课程,Pan等(2014)也指出通常多于一种教学与科研结合模式并存。

研究驱动型教学,教授研究内容和研究进展,在本课程中主要是讲解期刊论文,如基于自组织映射(self-organizing map,SOM)的道路选取或已有研究领域的综述,如地图综合的概念模型。面向研究型教学,教授研究技能、研究过程以及如何实现已有研究。例如,本课程介绍了为什么需要新型可视化表达方法以及如何实现新型可视化表达方法。基于研究型教学,指在或者不在教师和助教的指导下完成研究。在本课程中由平时作业和考试体现,如三种典型化算法的比较。研究指导型教学中,学生讨论论文与写作。本课程中的主要体现是学生讨论MATLAB在地理信息科学中与应用相关的论文。

第二个思路是选择地图学和地理信息科学中的一些实际问题,依托这些问题讲授MATLAB的基础知识和使用方法。例如,利用MATLAB中提供的图形功能可以绘制各种统计图表,而在地图学与地理信息科学专业的编程课程中,可在图形章节介绍新型可视化表达方法(如树图Treemap),并运用MATLAB进行实现。再如MATLAB中的工具箱应用部分可与地图综合中的数学形态学方法相结合,由于MATLAB中的图像处理工具箱含有数学形态学的功能,所以可以讲解如何运用该工具箱实现地图综合的数学形态学方法。

这个思路与Moler(2011)讲授MATLAB的思路相似,只不过针对地理信息科学专业。Etherington(2016)也采取了类似的思路,他在地理信息科学专业课程中将核心空间概念与Python编程相结合。在其他专业的MATLAB课程中,教师同样不应仅讲授MATLAB相关知识,而应该提供基于上下文的学习,教导学生如何利用MATLAB解决各自实际问题，使得编程类课程更贴近专业实际。

第三个思路是加入指导。与第2章提到的一样，上课的绝大多数学生没有科研经验，是第一次接触这种类型的课程，所以需要指导。Furtak等(2012)对于探究式学习的元分析研究表明，含有指导的探究式学习活动效果会更好。本书作者之一的田晶遴选在课外指导过程中发现的对MATLAB掌握较好的学生，让其和教师一起辅导课堂内的学生，形成实践共同体。Brew(2012)在其研究中曾提到过类似思路。

§3.3 课程组织

课程名为"MATLAB数学工具应用"，由武汉大学资源与环境科学学院开设，授课对象是地理信息科学专业二年级本科生。课程的总体目标：一是让学生了解科研和参与科研，并能从中受益；二是让学生觉得MATLAB有用，学会用MATLAB解决专业问题。具体安排如表3.1所示。课程原本只有27学时(9周)，但为了给学生足够的时间完成论文，教师额外加了3周。整个课程包括7次面授课、1次讨论课、1次反馈答疑课，考核包括3次作业和课程论文，这些要求均在第一次课向学生明确提出。授课内容的细节请参见田晶等(2020)的相关文献。

表3.1 课程安排

周次	教学内容	作业与测验	教学科研结合模式*				
			RO	RL	RB	RT	NA
1	MATLAB简介	检索并综述在地图学与GIS中应用MATLAB的文献资料	√		√		
2	论文讲解与复现		√	√			
3	编程基础						√
4	可视化		√	√			
5	图形用户界面(graphical user interface,GUI)的设计	新型可视化表达GUI设计					√
6	工具箱应用		√	√			
7	工具箱开发	对比地图综合中的三种典型化算法	√	√	√		
8	文献讨论					√	
9～10		将MATLAB应用于以下三项任务之一：(1)复现一项已有研究；(2)解决一个实际问题；(3)开展一项新研究			√		

续表

周次	教学内容	作业与测验	教学科研结合模式*				
			RO	RL	RB	RT	NA
11	反馈答疑						√
12	课程论文提交						√

* RO=面向研究，RL=研究驱动，RB=基于研究，RT=研究指导，NA=不适用。

3.3.1 MATLAB 简介

本次课包括三个方面的内容：MATLAB 的发展历程及软件安装，MATLAB 入门操作，地理信息科学相关的期刊与文献检索。教学与科研结合的模式是面向研究型和基于研究型。讲授的方式以教师传输为主，在助教辅助下让学生在课堂上完成软件安装，确保不影响后续课程和作业的进度；在讲解地理信息科学相关的期刊与文献检索的时候，要向学生演示如何进行文献检索。Egenhofer 等(2016)列出的地理信息科学领域主要期刊名单如表 3.2 所示(改自 Egenhofer et al，2016)，此外读者也可以参考 Biljecki(2016)和 Wu 等(2023)的研究。

表 3.2 地理信息科学领域主要英文期刊

刊名(字母序)	主页	收录
Annals of AAG	https://www.tandfonline.com/toc/raag21/current	SSCI
*Annals of GIS*❶	https://www.tandfonline.com/loi/tagi20	ESCI❷
Cartographica	https://utorontopress.com/ca/cartographica	ESCI
Cartography and Geographic Information Science	https://www.tandfonline.com/toc/tcag20/current	SSCI
Computers and Geosciences	https://www.sciencedirect.com/journal/computers-and-geosciences	SCI
Computers, Environment and Urban Systems	https://www.sciencedirect.com/journal/computers-environment-and-urban-systems	SSCI
Environment and Planning B	https://journals.sagepub.com/home/epb	SSCI
Geographical Analysis	https://onlinelibrary.wiley.com/journal/15384632	SSCI
Journal of Geographical Systems	https://www.springer.com/journal/10109	SSCI

❶ 在 Egenhofer 等(2016)的文献中为 2000 年的刊名 *Geographic Information Sciences*，于 2009 年改为现刊名。

❷ ESCI 即新兴源刊引文索引(Emerging Sources Citation Index)。

续表

刊名(字母序)	主页	收录
GeoInformatica	https://www.springer.com/journal/10707	SCI
Geomatica	https://www.nrcresearchpress.com/journal/geomat	EI
International Journal of Geographical Information Science	https://www.tandfonline.com/toc/tgis20/current	SCI/ SSCI
Networks and Spatial Economics	https://www.springer.com/journal/11067	SCI
Spatial Cognition and Computation	https://www.tandfonline.com/toc/hscc20/current	SSCI
Transactions in GIS	https://onlinelibrary.wiley.com/journal/14679671	SSCI
URISA Journal	https://www.urisa.org/resources/urisa-journal/	Scopus

当然还有一些可接收GIS论文的期刊。太权威的科技期刊刊用概率几乎为零,如*Science*、*Nature*及其子刊*Nature Geosciences*;一些开源期刊给人一种付费就能被刊用的感觉,而且审稿也不是很严格,除了在SCI计数上累加之外,实在看不出有什么用,甚至可以说有负面作用(Quacquarelli Symonds Limited,2019)。本书作者认为,每个领域都有该领域的主流期刊,要想被学术圈接纳或者认可,那么应该首选本领域的主流期刊。值得一提的是,*Cartographica*没有被SCI/SSCI收录,但它是一本历史悠久的期刊,早期很多地图学的经典理论方法都发表在该期刊上,如道格拉斯-普克线化简算法(Douglas et al,1973)、有关数字高程模型和不规则三角网的探讨(Kumler,1994)。然而由于其收录情况,中国学者一般是不会考虑投递的。对于中文期刊,目前国家出台了中国科技期刊卓越行动计划,《测绘学报》《遥感学报》《地理学报》《中国图形图象学报》《武汉大学学报(信息科学版)》等与GIS相关的期刊均在列表中。

对于检索方法,这里给出一些建议供初学者参考:第一,确定研究主题后从上述GIS主流期刊开始搜索,然后向外扩展,例如与计算机或者图形相关,那么就要到国际计算机学会(Association for Computing Machinery,ACM)或者电气电子工程师学会(Institute of Electrical and Electronics Engineers,IEEE)数据库检索;第二,看与该研究主题的相关的"牛人"的论文都发到哪里了,那么那个期刊应该就是好期刊,可以从这些期刊中找文献;第三,可以从一篇经典论文入手,看哪些论文引用了它,从参考文献找参考文献,直到收敛;第四,平时多积累,养成跟踪期刊的习惯,便于对各个领域都有所了解。现在国际期刊多采用在线优先发表模式,各出版商的具体称谓略有差异,如在线优先(online first)、提早阅览(early view)、最新文章(latest articles)、修正校样(corrected proof)等,可以通过优先发表尽早了解其他学者的成果。

本次课的作业是“检索并综述在地图学与 GIS 中应用 MATLAB 的文献资料”。该作业的目的一是为了练习文献检索，二是为了让学生学会对文献进行述评，现状分析最忌讳的写法就是“某某做了什么，某某做了什么，某某做了什么”这种流水账。通过述评可以知道每类方法的优势和缺陷或者每类学派的观点，便于引出自己的观点或是要解决的问题。

3.3.2　论文讲解与复现

本次课以运用 MATLAB 下的 SOM 工具箱实现路网综合为例，讲解如何复现期刊论文的内容，以及期刊论文的写作方法。本次课的目的是教会学生阅读英语论文，同时复现论文的研究，让学生了解如何做研究，教学与科研结合的模式是面向研究型和研究驱动型。讲授的方式以教师传输为主，注意要详细展示研究的过程和研究的方法，教学生如何复现已有研究。

选讲论文的题目是“Selection of Streets from a Network Using Self-Organizing Maps”，作者是 Bin Jiang 和 Lars Harrie，发表于 *Transactions in GIS* 第 8 卷第 3 期。该论文提出一种运用自组织映射(SOM)解决道路选取的方法。首先分析了道路选取的现状以及 SOM 在地理信息科学中的应用现状；然后介绍了 SOM 的基本原理；接着，阐述了所采用的道路的属性参数并提出选取方法；最后，应用 MATLAB 平台下的 SOM 工具箱进行了实验。其主要的创新性表现在：首次将道路选取作为聚类问题，将道路作为 7 维空间中的向量，运用自组织映射进行聚类。

讲述论文之后，沿着论文的思路讲解如何对论文进行复现。复现中采用的实验数据是深圳市 1∶1 万比例尺道路网，如图 3.3(a)所示。由于该数据没有等级、车道数、限速和道路名等信息，所以在实现过程中需要做一些变通。

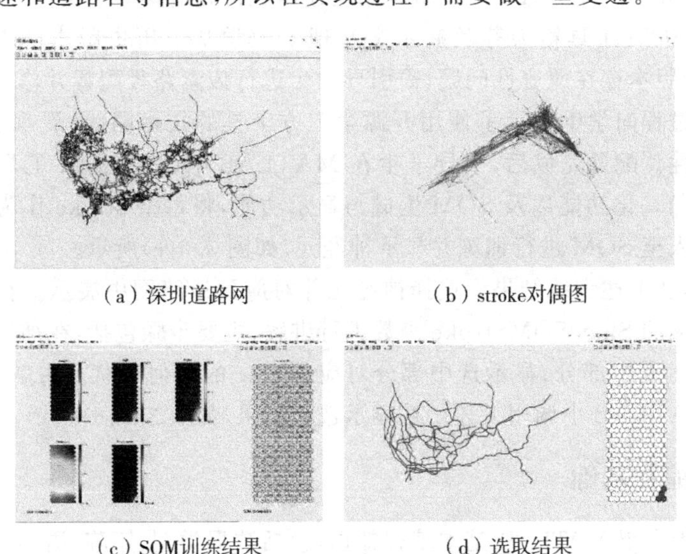

(a) 深圳道路网　(b) stroke对偶图

(c) SOM训练结果　(d) 选取结果

图 3.3　运用 SOM 进行路网选取

首先，读取数据并生成 stroke。stroke 指根据特定连接规则和生成策略将道路段连接而成的道路链(Thomson et al，1999；Zhou et al，2012)。在本节选讲的论文中 stroke 是指同名道路，然而复现实验数据没有道路名信息，所以改用常用的每对最大适合策略(Jiang et al，2008)生成 stroke。在代码编辑器中打开自编的 StrokeEBF 函数进行讲解，主要步骤包括：计算交叉点处路段的连接关系；确定交叉点处路段连接方式；按照连接方式对路段几何图形进行连接；输出结果。讲解完成后，引导学生在 MATLAB 中调用上述函数生成 stroke。

然后，生成对偶图。在对偶图中，节点对应 stroke，边对应 stroke 是否具有相交关系。在代码编辑器中打开自编的 DualGraph 函数进行讲解，主要包括通过包围盒粗筛可能相交的道路、调用 MATLAB 内置的 polyxploy 判定相交关系、生成邻接矩阵并输出为 MATLAB 内置的图对象。其中包围盒粗筛的部分理论上并非必要，但在实践中能够大大减少高成本的几何运算，提升运行速度。讲解完成后，引导学生在 MATLAB 中调用上述函数生成 stroke 的对偶图，并观察该图的显示结果，如图 3.3(b)所示。

接着，计算每条 stroke 的参量，由于路网属性信息缺乏，因此道路参量选择对任何路网数据都能计算的连通度、接近度、中介度和长度。在代码编辑器中打开自编的 StrokeLengthCentrality 函数进行讲解，主要步骤包括：读取道路坐标串；根据坐标串计算长度；调用 MATLAB 内置的图对象中心性函数计算连通度、接近度、中介度；将计算结果写入文本文件。当然，这里还可以通过“几张皮”的方式实现(本书§2.6 曾提到过)，如长度可以在 ArcMap 中计算，连通度、接近度和中介度可以在 Pajek 中计算，让学生明白通过 MATLAB 编程方式实现的优势。讲解完成后，引导学生在 MATLAB 中调用上述函数得到道路参量文件。

由于 SOM 工具箱为芬兰赫尔辛基理工大学基于历史版本的 MATLAB 开发，与较新版本存在兼容性问题，需引导学生进行搜索路径配置并修改部分不兼容代码。该过程向学生展示了使用开源第三方工具的技术路线，展现了 MATLAB 的可扩展性。配置完成后，引导学生在 MATLAB 中调用 SOM 工具箱提供的数据读取与归一化功能以及 SOM 生成与显示功能，将每条 stroke 作为 4 维空间中的向量输入至 SOM 进行训练并显示神经元，如图 3.3(c)所示。

最后，从上述训练结果中选择神经元并对应到道路网中展示。在代码编辑器中打开自编的 ShowSOMStroke 函数进行讲解，主要步骤包括：在神经元显示结果中突出显示选中部分；显示选中部分对应 stroke 的几何形状。讲解完成后，引导学生在 MATLAB 中调用上述函数显示选取结果，如图 3.3(d)所示。

3.3.3 编程基础

本次课介绍 MATLAB 基本编程知识，包括数据类型、矩阵、语句、流程控制、函数以及面向对象等知识，使学生初步掌握 MATLAB 程序的开发方法。讲授的方式以教师传输为主，如果学生学过 C 语言或者 C++程序设计，这一节内容应快速带过。

课程从 MATLAB 支持的基本数据类型开始，通过示例介绍数值类型、逻辑类型、字符和字符串类型、结构体类型等。矩阵是 MATLAB 中最具特色的复合数据类型，因此以矩阵的创建、访问、结构变化为例讲解多维数组的相关操作。元胞数组作为更高一层级的数据容器，可将基本数据类型和多维数组作为元素进行读写，因此接着介绍其创建与操作方法。变量中存储的数据之间可以进行运算，因而介绍 MATLAB 中的算术运算符、关系运算符和逻辑运算符。由变量和运算符构成的语句是 MATLAB 程序的基本单元，而语句之间又可通过流程控制结构进行灵活组织，因此向学生讲解顺序结构、条件结构、循环结构这三种基本结构。由多个语句和流程控制结构组成的程序片段可以保存在脚本/函数 M 文件中以便调用，因此还要介绍这些 MATLAB 源代码文件的创建和使用。由于程序设计中难免存在错误，因此最后介绍调试脚本的方法。这样就形成了一个包括数据、运算、语句、片段的完整体系，并提供必要的错误排查手段。

面向对象程序设计作为一种流行的编程范式与思想，MATLAB 支持这种编程范式，且在其原生的图形用户界面开发功能中大量使用类、对象和句柄的概念。由于这些基本概念过于抽象，因此本节还要通过应用开发中的实例进行讲解，以便学生能够顺利地学以致用。

3.3.4　可视化

本次课讲解 MATLAB 中的图形绘制，包括常用图表的绘制。介绍新型可视化表达方法，包括面域拓扑图、项链地图、树图等。以方形树图算法为例讲解如何用 MATLAB 实现，如图 3.4 所示。讲授的方式以教师传输为主，教学与科研结合的模式是面向研究型和研究驱动型。

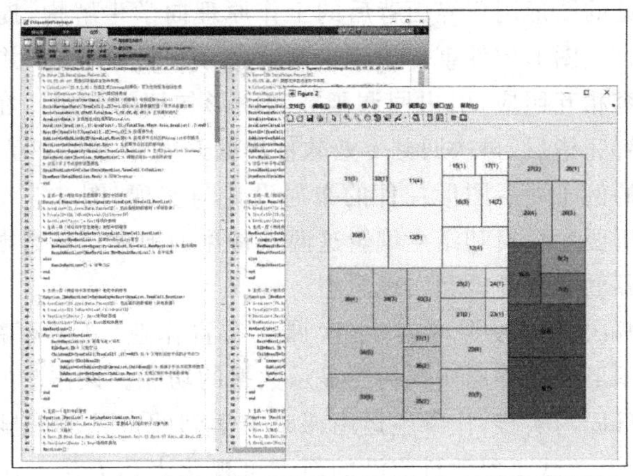

图 3.4　方形树图算法的 MATLAB 实现及运行效果

MATLAB的图形绘制功能能够对数据进行二维和三维可视化，以便对数据的分布进行观察，对不同数据进行比较，对数据的变化进行跟踪，等等。图形的绘制可通过调用函数或操纵句柄等编程方式实现，也可通过交互式界面实现。本次课首先对一些基本的MATLAB内置绘图函数和菜单进行介绍，并引导学生在课外参考MATLAB帮助文档学习其他绘图功能。讲解过程从绘制点线面等基本图形元素入手，再介绍常见统计图表的默认绘制方法，最后引出与学科相关的新型可视化表达方法。

通过向学生展示面域拓扑图、项链地图、树图的例子和定义，学生可以了解到常用统计图表和新型可视化表达方法均可拆解为一系列基本图形元素的绘制，而新型可视化表达方法的关键在于设置一套完备的图形元素位置、尺寸、样式的生成机制。经过以上学科前沿理论和知识构建过程的解释，再通过方形树图算法的例子落实到MATLAB程序设计的教学内容中来。这样在介绍课程内容的同时，还做到了向学生展示将学术论文成果转化为算法步骤，再通过编程语言实现这一过程。

3.3.5 图形用户界面

本次课介绍图形用户界面的开发，讲解如何设计一个图形用户界面(GUI)用于读取shapefile格式的地理空间要素数据。讲授的方式以教师传输为主，在演示图形用户界面设计时，学生需要跟着一起做。

构建具有图形用户界面的应用程序能够帮助用户方便、快捷地实现所需功能，在减轻用户操作负担的同时极大地提高用户体验。在介绍这一背景之后，开始讲解本次课的基础知识部分，即在MATLAB中创建GUI的三种方式。其中对使用代码和小程序(app)设计工具两种方式做简要介绍，重点放在使用图形用户界面开发环境(graphical user interface development environment，GUIDE)这种经典方式。这里将常见的图形用户界面背后的工作原理向学生解构，提炼出图形控件对象、图形控件属性、图形控件事件响应机制这一系列核心概念，并与之前的面向对象程序设计内容相互照应，引出回调函数和图形句柄的使用。在MATLAB相关的基础知识讲解完毕后，再次回到专业软件界面开发和常用交互功能上来，以地理数据文件读取的例子展示图形控件的布局设计与实现(图3.5)，并引导学生在课外深入思考分析要素编辑和结点编辑这两项常见的地理信息数据管理功能背后涉及的图形用户界面业务逻辑和实现思想。

结合之前两次课的授课内容，本次课后布置作业“新型可视化表达GUI设计”，要求运用图形用户界面实现树图显示数据的功能。该作业的目的是对前一阶段教学内容的巩固与实践，让学生运用课堂上学到的常见数据显示界面设计与实现知识，亲自动手尝试实现学科前沿的新型可视化表达方法。这样既能巩固课程知识，又能提升研究技能，还能拉近学生与前沿研究的距离。

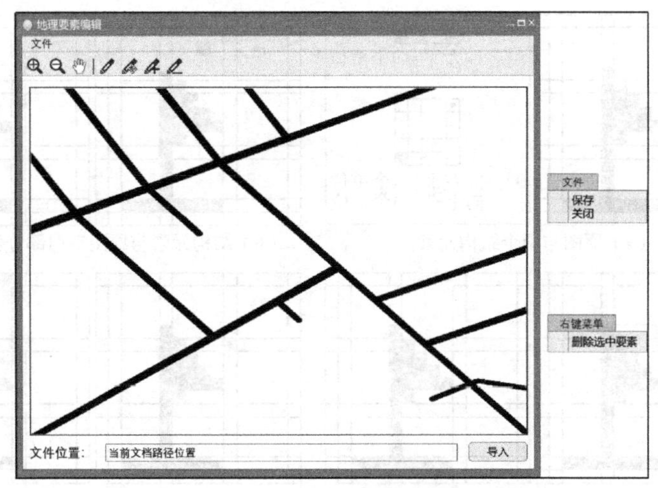

图3.5 地理空间要素数据读取程序界面设计

3.3.6 工具箱应用——数学形态学及其在地图综合中的应用

本次课介绍工具箱的应用,包括两个方面:一是利用地图工具箱实现地图投影;二是利用图像处理工具箱(Image Processing Toolbox,IPT)实现地图综合的数学形态学方法。在讲授的过程中,要详细讲解研究的思路以及创新,在讲解如何利用MATLAB实现时,着重讲思路,展现思考的过程。教学与科研结合的模式是面向研究型和研究驱动型。

使用MATLAB的图像处理工具箱中的数学形态学功能,实现地图综合。首先介绍数学形态学的概念、基本算子(腐蚀、膨胀、开、闭、击中-击不中)及其它们在MATLAB中的实现,然后讲授如何运用数学形态学的基本思想实现针对栅格数据模型的地图综合,以建筑物的聚合和移位为例讲解研究思路及其MATLAB实现。上完本次课后,要求学生:①掌握数学形态学的原理和常用算子,并能在MATLAB中实现;②理解运用数学形态学进行地图综合的原理与关键问题,并能运用MATLAB实现。

按照数据模型来划分,数字地图综合的研究可以分为针对矢量数据和针对栅格数据两类。20世纪90年代中后期,以Zhilin Li和Bo Su为代表的学者将数学形态学运用于数字地图综合,其基本思想是运用数学形态学中的算子及其组合对地图综合算子进行建模,涉及的地图综合算子主要有聚合、降维、移位、删除(Li et al,1995;Su et al,1997,1998)。图3.6所示为移位的示意图。

运用数学形态学实现移位的思路很巧妙,运用原点不在对称中心的横条、竖条或方形对原图像进行腐蚀,可实现八方向的移位,横条、竖条的长度或方形的边长与位移量相关。图3.7展示了其MATLAB实现及移位效果。

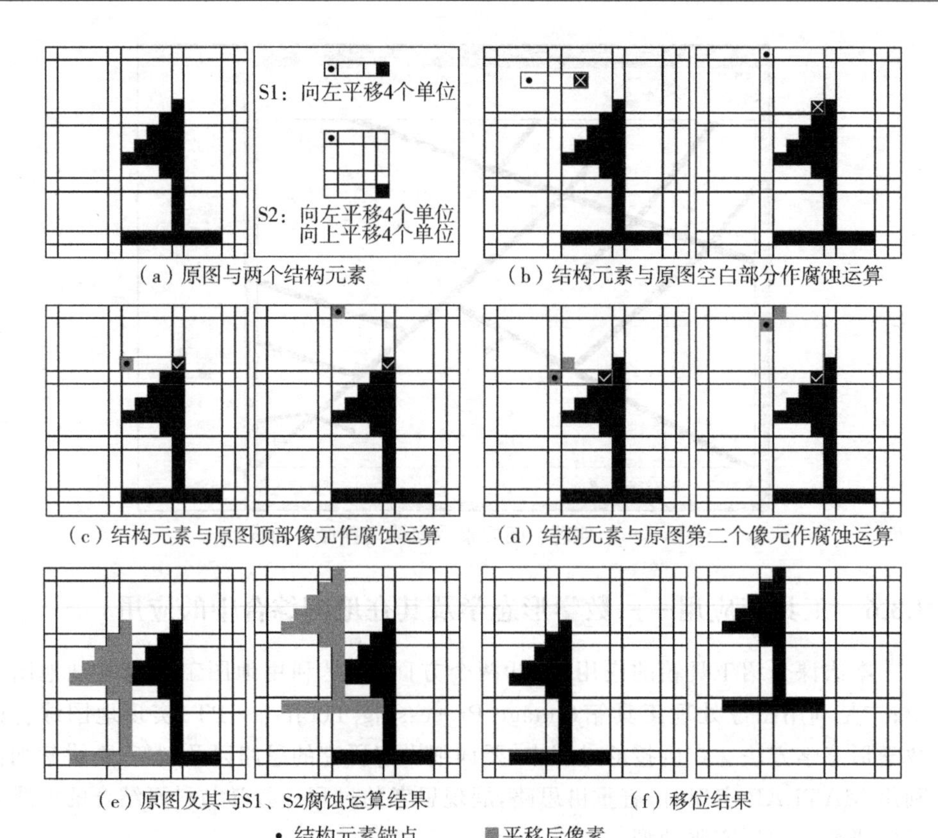

图 3.6　基于数学形态学的腐蚀算子实现移位

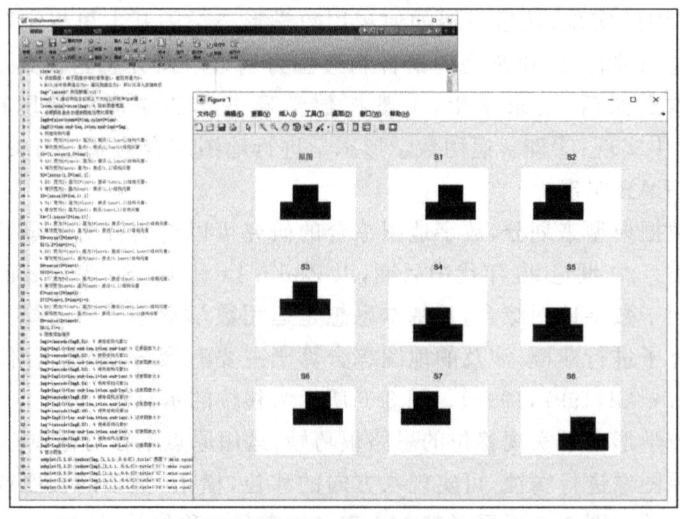

图 3.7　基于数学形态学的移位算法及其 MATLAB 实现

使用图像处理工具箱的腐蚀或膨胀操作时，默认结构元素的原点在中心位置。为了改变原点的位置，脚本 Displacement. m 以原点为中心用 0 补全结构元素矩阵以便达到移位效果，如 1 行 5 列，以第 1 行第 5 列处为原点的结构元素矩阵，补全为 1 行 9 列，如图 3.8 所示。当然，MATLAB 中提供了 translate 函数用于对原点处于中心的结构元素进行偏移，该函数生成的结构元素与直接补全的结构元素一致。

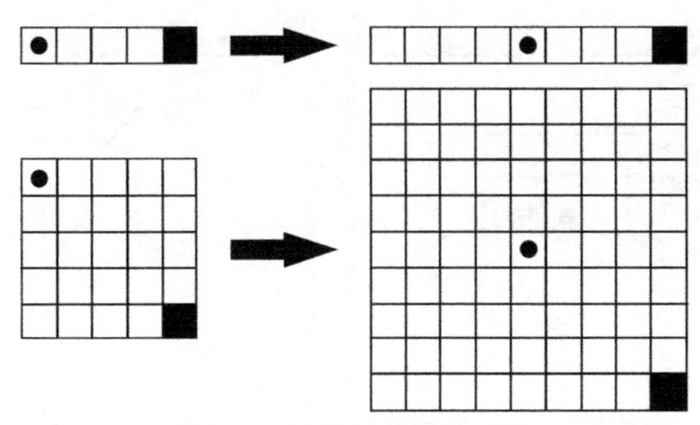

图 3.8　结构元素转换示意

3.3.7　工具箱开发——地图综合算法工具箱的开发

本次课介绍 MATLAB 工具箱开发的基础知识，并介绍地图综合算法工具箱的开发。先介绍地图综合的基本概念和地图综合的概念模型，包括过程模型、哲学模型、信息论模型、问题求解模型和约束模型。之后介绍算子和算法的概念，以居民地间隔比(settlement-spacing ratio)算法、道格拉斯-普克(Douglas-Peucker)算法和广义面划分(generalized area partitioning)算法为例讲解地图综合算法的开发，将所开发的地图综合算法放在一起便形成了地图综合算法工具箱。上完本次课后，要求学生掌握 MATLAB 工具箱开发的一般方法，了解地图综合的概念，并能运用 MATLAB 实现地图综合算法。讲授方式以教师传输为主，教学与科研结合的模式是面向研究型、基于研究型和研究驱动型。

由于工具箱的本质是一系列相互关联的功能函数的开发，因此所需的基础知识大多已经在之前的课程中介绍，本次课内容的重点是与地图学专业结合。由于此时学生往往对于相关的专业课程尚未有深入了解，因此要向学生讲解地图综合的概念，算子和算法的概念。另外，与工具箱开发过程相关的过程性知识将通过例子进行示范，不应在软件开发的一般知识上引入过多软件工程概念。这样做一方面结合了小型项目及原型系统的实际情况，另一方面也方便学生专注于工具箱开发的目的与设计思路。例如，本次课示例的工具箱的开发背景是 MATLAB 中缺乏地图综合功能，而地图综合是地图学的核心内容，因此，开发该工具箱的目的就是解决 MATLAB 环境下地图要素的综合问题。

在上述目标的指引下，向学生展示该工具箱的功能设计，包括数据输入输出、数据显示、地图综合算法、交互界面四个模块。再以道格拉斯-普克算法为例介绍功能的详细设计，该算法通过删除折线上的顶点实现对线要素的化简（图3.9）。选择该算法，一来是因为其流程简单、易于理解，二来该算法需要输入参数这一用户交互过程，具有一定的代表性。

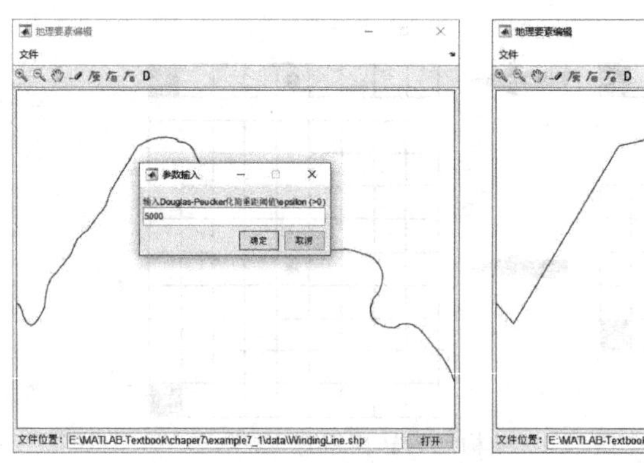

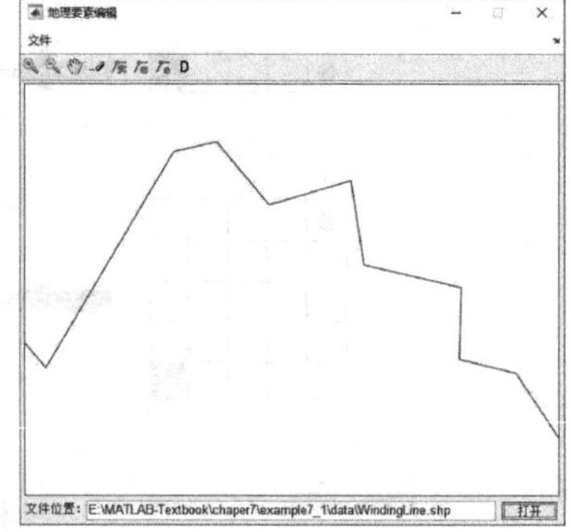

图3.9　道格拉斯-普克算法工具运行效果

有了上述地图综合的概念和工具箱开发的一般方法，我们可实现地图综合算法并按照算子组织这些算法，用户直接调用相应函数或者用图形用户界面的形式都可以。关于地图综合算法的MATLAB实现详见田晶等(2019)的文献。

本次课后布置作业"对比地图综合中的三种典型化算法"，要求阅读以下三篇文献，并在GEN_MAT的帮助下动手实现文献中的算法。

Burghardt D, Cecconi A, 2007. Mesh simplification for building typification[J]. International Journal of Geographical Information Science, 21(3): 283-298.

Regnauld N, 2001. Contextual building typification in automated map generalization[J]. Algorithmica, 30(2): 312-333.

Sester M, 2005. Optimization approaches for generalization and data abstraction[J]. International Journal of Geographical Information Science, 19(8/9): 871-897.

第2章曾经提到过GEN_MAT地图综合算法工具箱，该工具箱是作者指导本科生参与科研实践的典型案例之一，将该案例的成果用于相关课程的教学，体现了用学生的研究反哺学生的理念。

3.3.8　文献讨论

本次课是讨论课，是为第一次课布置的作业"检索并综述在地图学与GIS中应用MATLAB的文献资料"提供一个讨论的平台。本讨论课让学生交流查找文献的结果和心得体会，要求学生制作幻灯片上台展示。教学与科研结合的模式是研究指导型。

如上文所述，撰写综述的难点在于述评，而述评的一种有效方式是归类。这里浅谈一下本书作者对文献归类的看法。第一类是在 MATLAB 平台上开发地理信息分析与应用的工具箱（或功能函数），如空间数据分析工具箱（Liu et al，2010）、地形分析工具箱（Schwanghart et al，2010）；第二类是运用 MATLAB 中已有的功能完成地理信息科学领域的应用。第二类还可以细分为两类：一类是运用 MATLAB 中非地理信息专用的工具箱（或功能函数）进行应用，例如我们提到的运用 MATLAB 下的 SOM 工具箱解决路网综合问题（Jiang et al，2004），SOM 工具箱就是非地理信息专用工具箱；另一类是运用已有的含有地理信息专用功能的工具箱（或功能函数）进行应用，例如极地制图工具箱（Greene et al，2017）通过继承与拓展内置地图工具箱（Mapping Toolbox）的方式提供了新的绘图功能，能够在 MATLAB 中更为简便地绘制南极地区的地图。

3.3.9　考　试

课程考试为学生自拟或由教师和助教指定研究课题，开展研究，需提交研究报告或者论文。研究课题可以是运用 MATLAB 解决遇到的实际问题，如遥感图像处理；可以是运用 MATLAB 复现已有研究，对应于图 3.2 中的为学习已有知识探究；可以是新的研究，对应于图 3.2 中的为建立新知识探究。教学与科研结合的模式是基于研究型。

学生可选的题目有新型可视化表达方法、地图综合算法、网络空间现象的同位模式发现、关注点（point of interest，POI）信息自动更新、图像分类、城市分类、城市路网模式分析、OSM 数据质量评价等，也可自拟题目。无论选择哪种形式，必须使用 MATLAB 实现。提交报告或论文的内容必须包括：

（1）引言：阐明研究意义，并进行文献综述。研究意义即为什么要做该研究；文献综述即为该研究领域的国内外现状分析。

（2）基本思想：在概念层上告诉读者如何解决该研究问题。

（3）方法：解决该问题的步骤。

（4）实验与结果：对方法进行验证，描述实验结果，包括 MATLAB 代码。

（5）结论：由此研究得出的结论，研究存在的问题以及将要进行的研究。

要求学生第 1 周完成分组和选题，每组不超过 4 人；第 2 周到第 4 周完成选题相关的文献查找和阅读；第 5 周到第 8 周进行方法实现；第 9 周到第 11 周撰写论文或者实验报告，老师给予反馈意见；第 12 周正式提交。提交之后，可以继续在课程论文的基础上撰写可投递给期刊的论文或可参加会议的会议论文。

§3.4　评价方法

本节从主观和客观两个方面来评价课程效果。主观评价（匿名）包括 2 个

Likert 量表问卷和 6 个开放问题共 3 个部分，反映课程对学生的影响和学生对课程的看法。客观评价基于学生作业及课程论文完成情况和论文发表情况，这些评价可作为学生对科研的理解、科研能力和使用 MATLAB 解决实际问题的依据。

主观评价第一部分度量了学生学习收获和研究相关的提升，采用了广泛使用的本科生研究体验调查工具(Lopatto,2004)评估学生的研究能力。本课程不涉及实验室技能，因此去掉了相关问题。表 3.3 列出了学生课程前后的学习收获。

表 3.3 学生学习收获的问卷及结果统计

序号	问题	平均得分		曼-惠特尼(Mann-Whitney)检验		
		课前	课后	U	Z	p
A1	理解科学研究的过程	1.977	3.194	**265.5**	**5.28**	**0.00**
A2	准备好了做更高级的研究	2.364	2.583	691.0	1.02	0.31
A3	理解了科学家如何在一个实际问题上工作	1.750	2.861	**271.5**	**5.24**	**0.00**
A4	增强了抗挫性	3.159	3.528	**590.0**	**2.08**	**0.04**
A5	学会独立工作	2.977	3.361	**596.5**	**2.01**	**0.05**
A6	学会表达结果	2.773	2.861	745.0	0.49	0.63
A7	能够分析数据	2.409	2.806	616.5	1.77	0.08
A8	理解了知识如何构造	2.000	2.472	**558.0**	**2.42**	**0.02**
A9	成为学习或研究团体的一员	2.091	3.167	**423.5**	**3.67**	**0.00**
A10	能够理论联系实际	2.636	2.861	687.0	1.07	0.29
A11	能够阅读和理解文献	2.727	3.194	**592.0**	**2.03**	**0.04**
A12	理解科学论断需要证据支持	3.432	3.472	778.0	0.14	0.89
A13	理解何谓“科学”	2.227	2.639	615.0	1.80	0.07
A14	理解科学家如何思考	1.864	2.500	**490.0**	**3.08**	**0.00**
A15	变得自信	2.795	2.917	733.5	0.62	0.54
A16	有了清晰的职业和学习规划	2.682	2.889	673.5	1.25	0.21
A17	能够进行有效的口头表达	2.636	2.583	803.0	-0.11	0.91
A18	能够进行科技写作	1.705	2.333	**443.0**	**3.61**	**0.00**
A19	学习学术道德	2.545	3.028	**549.0**	**2.51**	**0.01**

注：得分范围从 1 到 5，1 表示没有收获或收获很小，5 表示有很大的收获，根据程度递增。得分显著增加的问题由黑体标出。

主观评价第二部分评价了学生对课程的认知和态度，采用了经修改的 Spronken-Smith 等(2008b)问卷作为课程评价。表 3.4 列出了修改后的问题和结果统计。修改涉及调整 B5、B6、B8、B9 问题，以便更好地描述本课程的情况。

表3.4　课程评价的问卷及结果统计

序号	问题	1	2	3	4	5	均值	标准差
B1	我认为该课程的组织良好	0	0	6%	56%	39%	4.3	0.59
B2	授课内容、评价以及其他重要信息在该课程上被清晰地传达	0	0	6%	50%	44%	4.4	0.60
B3	该课程激发了我的兴趣以及继续学习的意愿	0	3%	19%	47%	31%	4.1	0.79
B4	在该课程上，我学到许多与课程相关的知识	0	0	0	58%	42%	4.4	0.50
B5	完成作业和考试有助于我学习	0	0	6%	42%	53%	4.5	0.61
B6	我得到的评论与反馈帮助我学得更多	0	0	22%	53%	25%	4.0	0.70
B7	该课程的工作量	0	0	33%	47%	19%	3.9	0.72
B8	在考虑授课内容、组织方式、作业、实习、群体工作等基础上，请给出对教师授课质量的总体评价	0	0	14%	42%	44%	4.3	0.71
B9	该课程发展了我参与科研活动的能力	0	0	14%	50%	36%	4.2	0.68
B10	总体而言这是一门质量很好的课程	0	0	3%	56%	42%	4.4	0.55

注：问题B1、B2、B3、B4、B5、B6、B9、B10的回答选项中，将强烈不同意、不同意、既不同意也不反对、同意、强烈同意分别编码为1、2、3、4、5。问题B7的得分1到5分别表示很小、小、适中、大、很大。问题B8的得分1到5分别表示非常不好、不好、满意、好、优秀。由于舍入误差，部分问题的百分比之和不为100%。

主观评价第三部分开放问题采用了三个修改过的问题(C1、C2、C3)和三个新增的问题。C1和C2与学生的收获和代价有关，C3、C4、C5、C6反映了学生对课程设计的看法。

(C1)该课程对你学习有哪些帮助，有哪些影响？

(C2)在上该课程中遇到的困难。

(C3)请给出对该课程的建议。

(C4)你认为地理信息专业的课程中，教学与科研结合有必要吗？为什么或为什么不？

(C5)你认为MATLAB与专业教育相结合有必要吗？为什么或为什么不？

(C6)你认为本专业的课程是否应该加入指导和群体研究的部分？为什么或为什么不？

此外，作为课程的第三方参与者，研究生助教也参加了自身收获和代价的调研。

§3.5 课程评价结果

3.5.1 问卷结果

课程之初共有47名学生选修该课程，其中93.6%(26名男生和18名女生)填写了问卷。到学期末，37名学生完成了课程，其中97.3%(20名男生和16名女生)再次填写了问卷。两次调查结果的对比显示了学生的学习收获(表3.3)，课前课后调查的克龙巴赫α系数信度分别为0.92和0.94。

学生自评得分除问题A17之外均有所增加，其中10个问题的增加经曼-惠特尼(Mann-Whitney) U检验显著。这些显著的收获涉及Seymour等(2004)所提6个方面中的5个。个人方面，学生抗挫性有所提高(表3.3中问题A4)，但并非所有学生的自信都有所增加(问题A15)。对知识构建的理解(问题A8)及像科学家一样思考相关问题(如A1、A3、A14)的平均得分从课前的1到2分出现了显著提高。开放问题C1也印证了学生对科研过程的总体理解、如何思考和解决实际问题等方面的收益(表3.5)。学生的能力得到了提升，具体包括结果解读、数据分析、口头报告(A6、A7、A17)、科技读写(A11、A18)。职业发展与准备方面的问题A16、A2的增加在统计意义上不显著，而专业提升方面的团体融入感则有明显增加(A9)。

表3.5 学生就课程收获对开放问题C1的回答

类别	主题	示例
个人	抗挫性	“抗打击能力增加” “增强了心理抗压性，能充分接受失败”
知识构建	研究过程	“了解科学研究基本步骤和方法” “学到了……如何进行研究” “了解科研的大致方法”
	解决问题	“在科研过程中发现问题，并且能力得到拓展”
技能	科技读写	“学会如何查阅相关文献” “第一次知道如何查找文献” “学会了文献检索，能够读英文文献”
专业提升	团体融入	“小组讨论有助于培养合作意识，有不懂的地方可以互相帮助，可以向指导者寻求帮助”
	未来职业	“专业课……用科研的方式讲解，开拓思维，为未来读研读博或工作做准备”

开放问题C2反映了课程中学生遇到的问题(表3.6)。收集的结果显示,编程和文献是两个最大的问题,分别占27%和24%,此外也有很多不同的困难。阅读并理解文献的困难主要源自英语水平(15%)。尽管学生在此课程之前已经在大学学习过C语言程序设计,在中小学学习过超过10年的英语课程,基础知识仍然不足。有3条反馈(9%)提到了数学和软件操作问题。总之,学生感到本课程对于学习有益,使他们对科学研究的过程有所了解,培养了相关的技能。

表3.6　学生就课程中遇到困难对开放问题C2的回答

类别	主题	示例
课程相关	编程	"编程能力不太好,程序调试困难较大" "编写代码砸了很多时间进去,过程十分艰难"
	软件操作	"熟悉操作与编程比较难" "主要是操作和写代码时遇到的问题"
基础知识	阅读	"英文文献读起来很吃力,词汇量储备不足,很多专业名词也不懂,读得十分痛苦" "理解有困难"
	数学	"课堂上的还较易理解,但是作业相对来说很难,尤其对数学要求高" "数学基础较弱也不利于MATLAB编程"

研究生助教也谈了他们的收获,主要是个人能力的提升和学术进展的充实。通过与本科生一起工作,助教必须比平时更注重思路清晰、交流简练。他们还尝试探索了自己的教学和领导方式。在助教向学生解释基本概念的过程中,他们自身对这些概念的掌握和理解得到了加强。在助教与学生以团体形式进行讨论的过程中,也能够收获意想不到的灵感和想法。此外,做助教还有助于他们与学生一同验证自身在研究过程中感兴趣但没有时间处理的一些初步想法。这些收获与教学经历促进研究技能提升的结论呼应(Feldon et al,2011)。助教反映的主要代价是时间和精力的投入,因为他们同时还要跟进自身的研究进度。这些时间和精力主要投入于在线指导和进度管理方面。他们表示,在大致思路实现的过程中,需要花费大量时间回答学生提出的非常细节的决策问题。另外,设法让不太积极的学生融入进来从而保证小组的进度也要花费一定的时间。

课程结束后,从完成课程的37名学生中收到了36份第二部分的问卷(答复率97.3%),用于评价学生对课程的感受和意见。各个问题的回答分布及描述统计见表3.4。该部分问卷的克龙巴赫α系数信度为0.83,表明结果有良好的内在一致性。下面从课程内容、形式、效果三个方面讨论学生对课程的看法。

表3.4中的问题B1、B2、B8、B10反映了学生对课程总体和教学质量的广泛认

可和正面观点。几乎所有学生强烈同意课程组织良好(B1,95%)、总体质量高(B10,98%;B8,86%)、有效传达(B2,94%)。而针对课程工作量的态度则更为多样(B7)。三分之一认为工作量适中,而其他人则认为所需工作量较大,这一点也在开放问题C3的回答中有所体现(表3.7)。

表3.7　学生在开放问题C3的回答中对课程的建议

主题	建议
内容	"课上可以讲一些基础的东西,对于软件的使用本身不够熟练可能会影响后面实验的进行和研究的复现" "建议布置适当习题帮助学生了解MATLAB的一些基本操作" "我觉得应多教MATLAB的基础使用方法"
作业	"可以将最后的论文分阶段实现,作为平时作业" "希望能有更多的操作练习和作业" "结课论文的选题更加多样化,自主选择一些感兴趣的课题"

课程效果也收到积极的反馈意见。所有学生认同自己通过本课程学到了相关的知识(问题B4)。作业和考试的作用也得到了大多学生的认可(B5,95%)。约五分之四的学生对课程激发学习兴趣与积极性、指导和反馈有用、研究能力培养持认同态度,分别占78%(B3)、78%(B6)、86%(B9)。在开放问题C4、C5、C6的回答中,虽然部分学生表示对这些举措的效果不确定,但是在课程中加入研究、将编程语言与地理信息系统软件相结合、小组合作及指导的方式还是得到了学生的认可(表3.8)。

表3.8　学生就课程设计特点对开放问题C4、C5、C6的回答

课程设计特色	态度
加入研究(35人回答,33人赞同)	"接触科研会使学习更加严谨,可以学到更多的技能" "在科研过程中才能发现问题,并且能力得到拓展" "科研给学习以动力和目标,使人方向明确"
MATLAB与地理信息系统软件结合(33人回答,31人赞同)	"MATLAB功能非常强大,可以解决很多实际问题" "许多工科专业都开设了MATLAB课,工科重在实践操作,结合专业是很有效的教学方式"
小组合作(28人回答,25人赞同)	"加入群体研究的部分有利于激发学生的思维,改善与他人之间的沟通能力"
指导(23人回答,22人赞同)	"指导有利于思想的交流,也有利于纠正错误" "及时和充分的指导非常重要,可以帮助我们少走一些弯路"

3.5.2　作业考试情况与典型案例

作业的总体完成情况很好。37名学生提交了作业一,大多掌握了文献检索技能并能够通过分析对收集的文献进行归类。经由该项任务的训练,学生学会了获取大量中英文相关文献,但是对于文献的归类整理工作存在分类有重叠等问题。37名学生提交了作业二,检验了其图形用户界面软件开发能力。所有学生均能够实现一种指定的新型可视化表达方法。36名学生完成了作业三,其中20人不仅阅读了相关文献,而且在作者开发的工具箱(Wang et al,2017)的帮助下对比了不同地图综合算法。学生能够从理论与实践的结合中得出自己的结论。另外16人仅基于阅读文献或操作工具箱中的一种方式完成了对比。

作为期末考试,课程论文的完成情况良好。12人选择在助教准备的选题中开展新研究,以便完成创新性足以发表的论文。另有12人选择复现已有论文的结果,以便熟悉研究前沿、巩固实践技能。剩余的13人通过实验对比了已有的遥感影像或一般图像处理方法。

选择复现已有研究的学生提交了实现算法和对期刊论文方法理解的报告,这有助于他们学习如何阅读和理解文献(问题A11),也有助于从已有文献中提出新的研究问题并理解知识构建的过程(问题A8)。选择新研究任务的某些学生在学期结束后改进并扩充了课程论文并投稿,一篇论文被由国际华人地理信息学会举办的第26届国际地理信息科学大会接收,学生作了口头报告。该论文研究了从志愿者收集的缺失轨迹数据中进行推断和补全的问题。图3.10中给出了这项研究中解决问题的不同层次。

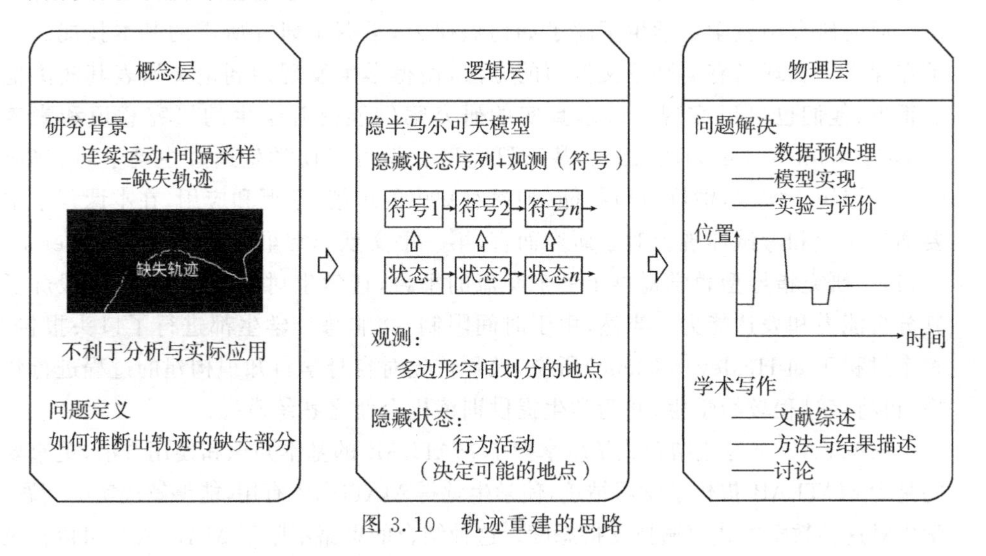

图3.10 轨迹重建的思路

首先向学生提供一组由志愿者采集的轨迹数据,其中含有诸多缺失部分。于是引出了有关缺失期间移动目标停留或途经的地点的问题,即轨迹重建这一研究问题。然后向学生介绍已有文献中的相关方法。在隐半马尔可夫模型中,一个观测时间序列可以看作由一个不可观测的状态序列产生的。于是引导学生将个体运动和行为类比于模型中的符号和状态。由于停留和移动的内在驱动力可以由不同的活动状态(如居家、工作、出行等)建模,这些状态不能直接体现在轨迹中,但决定了个体可能出现的空间位置。由此学生能够将轨迹中的位置序列转化成空间的多边形划分,以便利用隐半马尔可夫模型的生成能力。

经过上述必要的知识准备和有关研究问题的总体介绍后,即可引导学生在物理层将目标进行分割并指派到具体的小组成员。在指派任务分工时,可以充分考虑个人研究兴趣、能力特长,以便达到更好的效果。经小组讨论,将任务分成数据预处理、模型实现、实验评价三个部分,每人负责物理层中的一个部分及相应的写作任务。这样可以使学生在有限时间内聚焦于可控的任务。该论文由研究生助教指导完成,学生之间形成实践共同体。

§3.6 对教学的启示

将科研融入课程有利于学生学习,使得他们在科研能力上普遍有所提高,激发了学习兴趣,增强了抗挫性,并使他们学会合作或独立工作。与传统的传输模型授课方式相比,学生喜爱研究这一学习新事物的方式。通过研究,学生可以对所学知识和技能进行实践。研究驱动型教学让学生了解了研究现状和发展趋势,激发了他们的学习兴趣。在本课程中主要是了解了新型可视化表达方法和地图综合算法。面向研究型教学让学生了解了如何做研究,掌握了研究所需的基本技能。教师在课堂上实现已有期刊论文撰写的方法,使得学生发现期刊论文发表其实离他们很近,他们也可以实现。讲解真实的研究案例能提升学生的研究意识和素养(Visser-Wijnveen et al,2012)。基于研究型教学可以使学生通过主动学习,将所学的知识用于实践,锻炼科研技能,加深对知识的理解、掌握和应用,在本课程中主要通过作业和考试体现。对于研究而言,第一手文献非常重要(Timmerman et al,2011)。研究指导型教学提供了一个交流的平台,让学生讨论查找的文献,锻炼了其分析能力和表达能力。当然,由于时间限制,并非每个学生都进行了口头报告。整个过程正如 Healey 等(2006)所说,教师首先对自身学科知识构建的过程进行建模,再将该过程教给学生,并为学生提供训练机会使之熟练掌握。

MATLAB 与专业结合让学生掌握了 MATLAB 的基本知识和使用方法,更重要的是为 MATLAB 提供了学习情境,使学生觉得 MATLAB 有用,能够解决实际问题。学生对这种教学方式普遍持支持态度。这种结合的思路不限于 MATLAB,可以扩展至其他计算机语言或软件的教学中。

学生对本课程的反馈说明,好的指导对本科生研究很有帮助,这一点支持了已有研究的结论(Larson et al,2018;Shanahan et al,2015)。本课程聘用研究生助教对学生进行指导,这些研究生助教是本书作者之一田晶前几年指导的本科生,形成了实践共同体之后,实践共同体的成员成了新的"种子",在课内形成新的共同体,与学生共同学习,这种做法是对已有研究所提出的设想和倡议的实践(Boyer Commission,1998;Brew,2005;Chang,2005;Heron et al,2006;Speake,2015;Spronken-Smith et al,2009a;Turner et al,2008)。一篇已在会议上发表的论文正是由研究生助教指导本科生完成的。可见,研究生的指导对本科生有帮助,尤其是他们提供的技术细节指导,这正是缺乏经验的本科生在操作层面上遇到问题时所需要的。本课程的一些成效来自学习共同体在课程结束后的额外付出,这也印证了在本科生课程中提供的研究内容受到课程时间限制的不足可以通过增加指导时长来弥补(Larson et al,2018)。

基于图3.2中的探究式学习的四种模式(Levy et al,2012)和本课程积累的经验,我们提出了两条学生发展的路线(图3.11)。一条是面向高水平学生的课外路线,教师在课外可指导学生参与各类科研实践,如大学生创新创业项目、学科竞赛、教师自己的科研项目、野外科考。参与此类活动的学生一般具有一定的学业水平,所以应以获奖和发表论文为目标,而教师要像培养博士生一样指导他们做真正的研究,这也是Walkington等(2019)强调的高质量的指导。在该路线中,探究式学习的模式应从生产向创作转变,类型应从结构型向开放型转变。初期在生产模式下进行结构型的教学,要根据学生的特点设计合适的选题,使学生能够顺利起步。同时,要教授研究方法以及研究技能,如程序设计、英语学术阅读与写作、数据分析,教师需要监控整个过程。等取得一定成果之后,学生就可以进入开放型的创作模式。

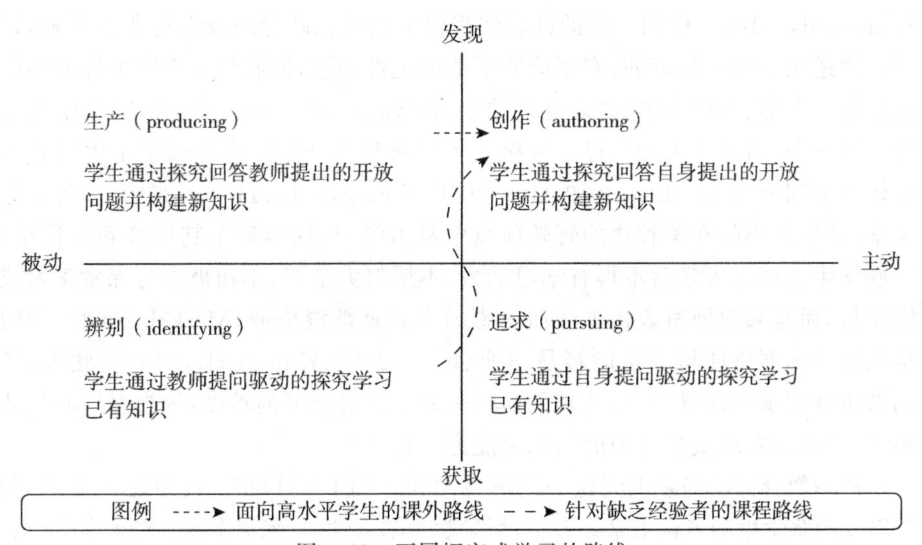

图3.11 不同探究式学习的路线

考虑到并非所有学生都具有较高水平,教师可通过设计课程以及进行教学资源建设来帮助学生在课堂环境下进行探究式学习。对于缺乏经验的学生可以采用辨别和追求模式的探究式学习,例如复现已有研究。当然,在此基础上学生可以遵循辨别—追求—生产—创作的路径,最好能推进到生产和创作模式,进行真正的研究。最忌讳的做法是丢一个题目让学生进行探究。考虑大部分学生可能从未接触过探究式学习,所以在设计课程时,将课程的教学内容与科学研究结合起来,介绍研究进展,复现研究,并展示研究的中间过程,教授研究方法,让学生查找文献并讨论,以作业和考试的形式提供研究经历,也就是充分运用 Healey 等(2009)提出的教学与科研结合模式。

§3.7 存在问题

在授课过程中发现了三个方面的问题。第一,尽管已经向学生说明如果有任何问题可以随时请教教师和助教,一些学生仍很少主动与教师或助教联系。对于这些不太积极的学生,教师和助教每周末会询问学生的进展,这成了他们仅有的师生互动,因此这些学生的学习与发展效果有限。第二,学生普遍反映缺乏研究所需的基本技能,特别是数学、英语和编程能力。第三,一些学生中途放弃,没有完成该课程,而且表现出对此类课程的不适应。由于难度与所需花费的时间等因素,该课程的退选率较本专业其他课程更高。

上述问题的可能原因主要有两个方面。一是中国学生受到儒家文化影响,注重说教、背诵、被动、顺从等(Biggs,1996;Hardman,2016;Kennedy,2002;Valiente,2008;Zhan et al,2016)。中国大学的许多课程仍采用死记硬背的教学与考查方式,该方式虽然适用于定义良好的、有正确答案的确定性问题,但我们在现实世界面临的往往是超复杂的、不确定的、缺乏规范的定义(Barnett,2000)。二是中国学生在高中时竭尽全力,而进入大学后过于放松。教育部和公众已经意识到这是中国高等教育体系的问题(Zou,2018,2019;Guo,2016;Young,2017;Zhang,2019)。为了考入大学,学生从小就在家长式的管教环境中努力学习,这导致了其压抑和厌倦情绪。一些学生在进入大学后不再有学习动力,不愿努力学习,不积极参与课堂学习或研究项目,而是采取回避表达想法和困惑的方式默默混毕业(Merkel,2003)。并且,毕业标准不严格使得学生能轻易毕业(Feng,2008;Kim et al,2013)。此外,长期的低难度要求会误导学生,使其低估将来所要面对问题的难度,忽视对核心技能的培养,导致面对现实世界中的问题时能力不足。

所幸教育部已经意识到这一问题并提出了"四个回归"。其中之一是"回归常识",要围绕学生刻苦读书来办教育,引导学生求真学问、练真本领。对大学生要合理"增负",真正把内涵建设、质量提升体现在每一个学生的学习成果上。因此,强烈建议中国的教育工作者将先进教学理念与技巧应用到教学与学生的发展中。例如,从死记硬背转向以学生为中心的主动学习(Spronken-Smith et al,2008b;Walkington et al,2011),将研究加入低年级培养方案(Healey et al,2009;Walkington et al,2011),通过野外考察(Fuller et al,2016)、学术会议(Hill et al,2016)等培养学生的研究能力。学生则应确保自身具备扎实的数学功底和阅读技能等研究能力,为在课程的较短期间内开展研究做好准备。此外,为使学生能快速进入状态,课程教学中要为学生提供更多可选的研究课题。不论何种方式,课程教学中都需要投入更多的助教或教工,需要大学采取更为支持此种教学的评价和分配机制(Hall et al,2018)。

第 4 章　非教育学专业教师进行教育研究

第 3 章介绍了在课堂上如何进行教学与科研结合，本章关注教师进行教育研究实现教学与科研结合。第 1 章曾提到过，本书这里所指的教学研究应扩展至教育研究，而并非仅指狭义的与课程或授课相关的研究。

本章适宜的读者应为从事过自身专业科学研究的教师，而并非完全没有科研经验的纯教学型教师。因为教育研究也属于研究的范畴，应该遵循研究的一般规律和方法。如果是没有任何研究经验的读者，建议先学习如何进行自身专业的研究。读者学习本章的方法应该是结合本书的建议，阅读教育学领域的经典教材以获取基础知识，跟踪教育学领域的期刊，了解发展趋势，发现科学问题，针对自己的研究问题进行实践，发表自己的研究成果。

本章首先介绍教育研究论文可投的国际期刊，然后分析发表在两本地理信息科学学界主流期刊的教育研究论文，总结它们的作者、主题、方法、引用关系等方面的特点，借以了解非教育学专业（主要是地理环境相关专业）教师如何进行教育研究以及这些研究的质量，在此基础上给出非教育学专业教师进行教育研究的具体建议。

§4.1　教育研究论文可投的国际期刊

我们做研究都希望自己的研究成果受到同行评价并最终发表。专业期刊是研究者交流思想、发布研究成果的重要载体（Hutchinson et al，2004；Wells et al，2015）。本书第 1 章曾提到过在教育学领域对于国际期刊关注不够，论文质量有待提升，所以这里仅针对国际期刊。中文教育学期刊相关列表详见潘昆峰等（2016）的文献。

目前，有很多英文国际期刊接收和刊登教育研究论文。教育研究在科睿唯安（Clarivate Analytics，原汤森路透）发布的期刊引证报告（Journal Citation Reports，JCR）中分属 SCI 之下的自然科学教育（Education，Scientific Disciplines）和 SSCI 之下的教育及教育研究（Education & Educational Research）、特殊教育学（Education，Special）三个类目。Tight（2018a）针对高等教育将期刊分为一般性高等教育期刊、特定主题的高等教育期刊、特定学科的高等教育期刊、一般性教育期刊、特定主题的教育期刊、特定学科的教育期刊、非教育期刊七种。我们扩展这一思路，如果不区分高等教育和其他教育，这些期刊则可分为教育和非教育两类。

教育学专业期刊可细分为三类：

(1)一般性教育期刊，收录各种层次和各类的教育研究议题，如 *Educational Researcher*。

(2)特定主题的教育期刊，针对诸如教学质量、教学评估、教学技术等特定的主题，如 *Journal of Computer Assisted Learning*。

(3)特定学科的教育期刊，是某些学科领域内的教育期刊，如 *Studies in Science Education*。

非教育期刊的分类可在 Tight(2018a)的基础上进一步细分为两种：

(1)一般性非教育期刊，如 *Science*，发表与教育相关的文章，如对科研系统的一般问题的讨论(Leshner，2018；Taliun，2019)，又如关于学生指导的综述(Linn et al，2015)。

(2)特定学科的非教育期刊，是指在非教育学领域发表教育研究论文的期刊，如 *Transaction in GIS*(Tight，2018)。其与一般性非教育期刊的区别在于特定的学科属性，因为一般性期刊通常不聚焦于某个特定学科领域。

§4.2 对发表在GIS专业期刊教育研究论文的分析

综述研究有助于我们了解领域研究现状，审视学科发展趋势，明确研究空白。综述的对象可以是一个国家的论文，如对中国教育研究论文的质量分析(Zhao et al，2017)；或一类索引期刊的论文，如对SSCI索引论文的分析(Akcayir et al，2017)；或某本或某几本期刊的论文，如对 *Computers and Education* 中40年来发表论文的分析(Zawacki-Richter et al，2018)、对高等教育学的主要期刊的论文分析(Hutchinson et al，2004)、对两本面向美国国内的期刊和两本面向国际读者的期刊中论文的分析(Mwangi et al，2018)；或某个研究领域相关的论文，如教育管理(Hallinger et al，2019)、多媒体教学(Li et al，2019)等领域论文的计量分析；或某个研究主题或其某个方面相关的论文，如移动学习研究的实验设计质量(Sung et al，2019)、移动即时通信有效性(Tang et al，2017)、慕课(MOOC)的主题和研究方法(Zhu et al，2018)、基于项目的学习对学生学习成果的影响(Chen et al，2019)；等等。

联系到上述发表教育研究论文的期刊类型，可以发现教育研究综述对象的来源要么是教育学期刊[1]，要么包含教育期刊和非教育期刊。定向分析综述(如针对高等教育主要刊物的分析)的来源刊物一般是教育期刊。采用主题词搜索或某类索引手段查找论文的综述，其研究范围一般不仅包含了教育期刊，还包含了非教育期刊上的论文。专门针对发表在非教育期刊上的教学研究论文尚未受到充分关注。

---

[1] 主要是期刊，也包括会议和专著。

地理信息科学(GIS)是以理解地理过程、关系与模式为目标的学科领域(Mark et al,2004),涉及地理、统计、计算机、地图制图、经济学、政治学等多个领域(Goodchild,2010),正在地理学科内扮演日益重要的角色。GIS教育通常开设于高校的地理系,而地理学在英美地区是培育教学创新的重要领域之一(Goodchild,2004;Haklay,2012;Murayama,2000),地理教育研究已经成为学科发展的驱动力之一(Hill et al,2018)。有鉴于此,本章分析发表在GIS专业期刊上的教育研究论文。此举旨在了解发表在特定学科非教育期刊上的教育研究论文的特点,为不具有教育学专业背景的研究者提供建议。此处的一个假设是进行这些研究的研究者多数不具有教育学专业背景。

本节分析所关注的四个研究问题是:①谁发表了这些教育研究论文?②这些研究的主题是什么?③这些论文的研究方法特点是什么?④这些研究与其他研究的引用关系是什么?第一个问题有助于了解这些研究是否主要由非教育学专业人员开展以及他们的地域分布;第二和第三个问题研究这些论文的研究特点与质量;第四个问题可以探索GIS领域的教育研究论文是否受到主流教育研究的关注。

4.2.1 期刊选择与相关论文收集

我们的数据源是十年来(2010—2019年)发表于*Cartography and Geographic Information Science*(简称*CaGIS*)和*Transactions in GIS*(简称*TGIS*)两本期刊的教育研究论文。选择这两本期刊的原因是:它们在GIS学界享有一定的声誉,期刊的目标和范围中明确提到了教育,而且均被SSCI收录[1]。*CaGIS*是美国制图与地理信息学会的会刊。针对理解、创建、分析、使用地图与地理信息的研究、教育与实践,该学会支持对这些方面有所提升的活动。其会刊发表经同行评议的权威论文,报道地图学与地理信息科学的创新研究,以此实现学会的宗旨[2]。*TGIS*是GIS领域同行评审的国际期刊,发表原创研究论文、综述论文、技术短文,传递空间科学的最新进展和最佳实践。GIS教育和认证是该期刊倡导的主题之一[3]。

论文选择和排除的原则如下:①与教育研究相关的论文,教育对象不论是大学还是中小学,或是成人教育;②论文的类型是文章(article)或综述(review),排除社论(editorial)、书评(book review)、勘误(correction);③排除介绍某个学校地图学和GIS相关专业教育情况的论文,如Robinson(2011)的文献。

2010年至2019年这10年间,*TGIS*共出版10卷63期,其中文章与综述类型共582篇,教育研究论文20篇(3.4%);*CaGIS*共出版10卷51期,其中文章与综

[1] 本节综述的论文包括*CaGIS*的2013年第3期和S1期中未被WOS(Web of Science)收录的文章。

[2] https://www.tandfonline.com/action/journalInformation?show=aimsScope&journalCode=tcag20.

[3] https://onlinelibrary.wiley.com/page/journal/14679671/homepage/productinformation.html.

述类型共346篇,教育研究论文15篇(4.3%)。我们对这35篇教育研究论文进行编码和分析。

4.2.2　编码与分析过程

本节复现并扩展了Hutchinson等(2004)的研究,用于分析GIS学科的非教育期刊中发表的教育研究论文。其他学者也曾复现过上述研究,Wells等(2015)对比了10年间研究方法的变化,Williams等(2018)揭示了作者发表与研究方法特点的关系。

本节使用Hutchinson等(2004)开发的编码表,该编码表包括:论文基本信息(刊名、出版年、引用)、主题、文章类型、研究设计、数据收集方法或来源、采用的统计分析类型、文章质量(总体或抽样框、对统计假设的讨论、变量的操作定义、量表的信度和效度、潜在的无回应偏差)。由此回答前文列出的作者、主题、研究方法、引证关系方面的研究问题。

1. 作者

通过所在单位的官网、领英(LinkedIn)等网站,本研究收集每篇论文的所有作者信息,包括性别、所在单位、所在单位的国别、专业、是否具有教育学专业背景。本研究没有关注职称,因为作者的职称在研究和投稿的过程中可能发生变化。例如,开展该研究的时候是助理教授,该论文出版的时候该作者晋升为副教授。虽然可以通过简历回溯来确定论文出版时该作者的职称,但是严格说来应该收集开始做这项研究时的职称,而这个信息一般是未知的,除非询问每一位作者。

2. 主题和研究方法

对于研究主题,我们借鉴Tight(2014,2018b)的主题进行编码,这些主题包括教与学、课程设计、学生经验、教育质量、系统政策、院校管理、学术工作、知识与研究。在此基础上为了准确反映某些论文的主题,我们进行了一些改进,例如对于就业能力(employability),从Tight(2014)的研究中可以看出属于学生经验,然而我们所分析的论文(Wallentin et al,2015)是从教育工作者和雇主的角度来描述学生的就业能力,所以就新建就业能力这个主题,而并没有将其归为学生经验的主题。

对于研究方法各项内容的编码,Hutchinson等(2004)给出了5种文章类型和14种研究设计的详细解释。本书在编码过程中根据自身情况对研究设计的编码进行了一些改进。文章类型被归为评述或综述、有数据支撑的评述、观点或现状、定性研究、定量实证、混合方法,其中混合方法参照Wells等(2015)的研究,用于区分兼具定性定量方法与仅有其中一种方法的文章。

研究设计分为前实验、准实验、基于干预、相关研究、因果比较、定量描述、定性描述、案例研究、内容分析、现象图示学等。剔除行动研究的理由是一些教材将行动研究作为研究类型(Johnson et al,2012;维尔斯马 等,2010),如同理论研究和应用研究。广义上，本节综述的很多论文都是教师开展的教学法行动研究，然而正如Gibbs等(2017)提到的那样，这些论文基本上没有包含行动研究的阶段和周期。将有定量实验证据的研究设计定为前实验设计。新建基于干预的研究设计，用于概括在课程设计方法、辅助学习工具和学习资源之后，进行简单定性评价的一类研究。将没有提供证据或者没有进行评价的研究设计定为定性描述。

本研究合并了Hutchinson等(2004)数据采集方法中的一级调查与二级调查，并根据所研究文献对其统计分析方法归类进行了扩展。而量表信度和效度的归类则未作改动。

本书第一作者充分细致地阅读并对全部文章进行编码，第二作者则对随机抽取的7篇论文(20%)进行了编码。按Wells等(2015)的思路计算了克里彭多夫(Krippendorff) α 系数，结果信度为0.914。不同作者编码的差异主要表现在主题、研究设计、数据收集等有不同理解或有多项选择的条目。其他一些编码的条目比较明确，如采用的统计方法、文章类型等。对于这些差异，本书的作者们讨论了所有论文的主题、文章类型和研究设计。对于研究设计方面仍有分歧的个例，我们参考了SSCI的Education & Educational Research类别收录的类似论文(Doering et al,2009)，该文明确提到研究设计的确定，再据此文对这些个例进行编码，最终达成了一致。

3. 引证分析

我们从WOS中导出了每篇论文与其他文献的引证关系，通过文献管理软件整理出这35篇论文引证文献以及施引文献的列表，其中未被WOS收录的2篇引证关系数据参照荷兰斯高帕斯(Scopus)数据库补全，再借助电子表格工具对于这些文献引证关系列表进行汇总计数与排名。

4.2.3 结 果

这35篇论文中的25篇仅与高等教育有关，2篇关于高等教育和中学教育，2篇关于K-12教师教育，2篇针对地理空间信息领域从业者，2篇针对外业地质学家，2篇受众不限，由此可知这些研究主要针对高等教育。

1. 谁发表了这些教育研究论文?

1)作者数与性别

35篇论文共有92位不同作者，平均每篇论文有2.6位作者，独著的论文有9篇(25.7%)，作者数最多的一篇论文有10位作者。这些作者中66人为男性，26人为女性。

2)作者学科

考虑这92位作者的专业背景，由于很多作者本硕博学的专业不同，所以这里的计数方式是:对每位作者，本硕博专业是三个不同的专业，那么三个专业计数各自加 1,如果本硕博是同一专业,那么该专业计数仅加 1。有 10 人(10.9%)具有教育学相关专业背景,如科学教育、教育技术、课程与教学等专业。非教育专业中最多的三个专业是:地理学(37 人,40.2%)、地理信息科学(22 人,23.9%)、环境/地球科学(21 人,22.8%)。可以看出,发表在这两本期刊上的作者背景仍然是以地理和环境相关专业为主。被编码的论文中没有由仅具备教育学背景的作者独立完成的,35 篇论文中仅有 3 篇第一作者具有教育学相关专业背景,符合前文假设发表这些论文的绝大多数作者是非教育学专业。

3)作者国别与单位

这 92 位作者来自 11 个国家的 35 个单位,来自美国的作者占比最大,有 45 人(48.9%),其后的是比利时(10 人,10.9%)、荷兰(8 人)、英国(6 人)、中国(5 人)、意大利(5 人)、瑞士(5 人)。74 位(80.4%)作者来自大学等高等教育机构,13 位(14.1%)作者来自国际地理信息与对地观测学院(International Institute for Geo-Information Science and Earth Observation,ITC)和意大利国家研究委员会(National Research Council,CNR)这 2 个欧洲科研院所,3 位来自私企的作者中 2 位来自日本、1 位来自美国,2 位来自初等和中等教育机构的作者均属于南卡罗来纳州公立学校系统。作者数排名前 10 的单位拥有更大的研究团队(表 4.1)。

表 4.1　国家和单位的作者数排名

排名	国家	作者数	排名	单位	作者数
1	美国	45	1	根特大学	10
2	比利时	10	2	特文特大学 ITC	8
3	荷兰	8	3	理海大学	7
4	英国	6	4	俄亥俄州立大学	6
5	中国	5	4	俄克拉何马州立大学	6
5	意大利	5	6	CNR 大气污染研究所	5
5	瑞士	5	6	日内瓦大学	5
8	奥地利	3	6	西密歇根大学	5
9	日本	2	6	武汉大学	5
9	西班牙	2	10	伦敦大学学院	3
11	澳大利亚	1	10	德州农工大学	3

4)发文数

从个人发表的情况看,绝大多数作者仅参与发表了 1 篇论文(80/92),有 10 位作者发表了 2 篇论文,还有 1 位作者发表了 3 篇论文,1 位作者发表了 8 篇论文。表 4.2 列出了发表论文大于等于 2 篇的作者。

表 4.2　发文 2 篇以上的作者

作者	单位	发文量/篇
Thomas A.Wikle	俄克拉何马州立大学	8
Todd D.Fagin	俄克拉何马大学 俄克拉何马州立大学	3
Sarah W.Bednarz	德州农工大学	2
Forrest J.Bowlick	德州农工大学 麻省大学	2
Daniel W.Goldberg	德州农工大学	2
Adam J.Mathews	西密歇根大学 俄克拉何马州立大学	2
Jing Tian	武汉大学	2

按国别统计(表 4.3),美国参与了约三分之二的论文(22 篇)。几乎所有论文都不存在跨国合作,仅有 1 篇意大利与瑞士的跨国合作。发文量最大的 10 个单位(表 4.3)与发文量达到 2 篇的作者单位基本符合,这是因为大部分作者仅发文 1 篇。ITC、伦敦大学学院和俄亥俄州立大学不存在发文达到 2 篇的作者,却进入了单位发文量前 10,这是由于这些单位有不止一组研究者发文。与国家的作者数排名(表 4.1)对比可见,美国的地理教育研究者遍布更多的单位,而其他国家的相关人员则集中在有限的团队之中。

表 4.3　国家和单位的发文量排名

排名	国家	发文量/篇	排名	单位	发文量/篇
1	美国	22	1	俄克拉何马州立大学	8
2	比利时	2	2	俄亥俄州立大学	3
2	中国	2	2	西密歇根大学	3
2	荷兰	2	4	根特大学	2
2	英国	2	4	特文特大学 ITC	2
6	澳大利亚	1	4	密歇根州立大学	2
6	奥地利	1	4	德州农工大学	2
6	日本	1	4	伦敦大学学院	2
6	西班牙	1	4	俄克拉何马大学	2
6	意大利、瑞士	1	4	武汉大学	2

2. 这些论文研究的主题是什么?

这 35 篇论文的主题如表 4.4 所示。关注最多的是教与学(57.1%)和课程设计(37.1%)。

表 4.4　所编码文献的研究主题

主题	*TGIS* 刊文量/篇	*CaGIS* 刊文量/篇	合计数量/篇	百分比/%
教与学	11	9	20	57.1
课程设计	8	5	13	37.1
知识与研究	4	1	5	14.3
学术工作	2	2	4	11.4
教育质量	0	3	3	8.6
学生经验	2	0	2	5.7
就业能力	2	0	2	5.7
系统政策	1	0	1	2.9

注：每篇论文可能有不止一个主题，因此百分比之和超过 100%。

在教与学(teaching and learning)主题中，研究可细分为两个子类：第一个子类是教学法，如 GIS 导论课程中的基于项目的学习(project-based learning)(Bowlick et al，2016)；第二个子类是教学工具或环境，如辅助学生学习地图综合知识的探究式教学工具(Wang et al，2017)，辅助学生在 QGIS 和 AutoCAD 中学习地图投影和坐标系统的网络课程(Ooms et al，2015)，增强现实在空间思考能力培养上的应用(Carrera et al，2017)。

在课程设计(course design)主题中，研究也可细分为两个子类；第一个子类是如何设计课程或课程体系，如 Kobben 等(2010) 基于空间数据基础设施(SDI^{light})设计的硕士培养方案；第二个子类是课程资料分析，如 Frazier 等(2018)进行的地理信息科学与技术(GIS&T)教材的分析。

第三类关注较多的是知识与研究(knowledge and research，5/35)，主要针对学科知识，如 GIS 和地图学的知识库(body of knowledge，BoK，见 Wallentin et al，2015；Moellering，2012)、地理信息专业素养所需的核心知识(Duckham，2015)、赛博 GIS 的组成部分(Bowlick et al，2018)。

之后是学术工作(academic work，4 篇)、教育质量(quality，3 篇)、学生经验(student experiences，2 篇)、就业能力(employability，2 篇)和系统政策(system policy，1 篇)。

由于表 4.4 的分组中有 20%的期望值不足 5 篇，卡方检验结果不适用，因此采用费希尔(Fisher) 精确检验进行检验，得到结果 $p=0.373$，表明两本期刊关注主题的区别不显著。

3. 这些论文的研究方法特点是什么？

1）文章类型

本研究编码的 35 篇文献中，85.7%($n=30$)是原创研究(original research)，14.3%($n=5$)仅包含评述或观点(expository or opinion only)。对表 4.5 进行费希尔精确检验的结果为 $p=0.261$，表明两本期刊文章类型的区别不显著。

表 4.5 所编码文献的文章类型

文章类型	*TGIS* 刊文量/篇	*CaGIS* 刊文量/篇	合计数量/篇	百分比/%
混合方法	11	7	18	51.4
定量实证	6	2	8	22.9
定性研究	1	3	4	11.4
评述	1	2	3	8.6
观点	1	1	2	5.7

2)研究设计类型

表 4.6 展示了本研究所综述的 35 篇文献中研究设计大类出现的频率。混合研究(mixed)有 18 篇,仅定量(quantitative only)和仅定性(qualitative only)分别占 8 篇和 9 篇。常见的混合研究是基于利克特(Likert)量表的问卷加上开放问题,有些案例研究混合较为深入,如 Hammond 等(2018)的研究。费希尔精确检验的结果是两本期刊实验设计大类没有显著区别($p=0.212$)。

表 4.6 所编码文献的研究设计大类

研究设计大类	*TGIS* 刊文量/篇	*CaGIS* 刊文量/篇	合计数量/篇	百分比/%
混合研究	11	7	18	51.4
仅定性	3	6	9	25.7
仅定量	6	2	8	22.9

表 4.7 展示了本研究所综述的 35 篇文献中研究设计出现的频率。费希尔精确检验的结果 $p=0.534$ 表明两本期刊采用的研究设计没有显著差异。使用最多的是因果比较(casual comparative,28.6%),使用此种研究设计的论文一般是比较差异是否来源于不同特征的群体,如新手和专家在解决外业问题时的区别(Baker et al,2016)、雇主和教师对于软硬技能的不同看法(Wikle et al,2015)。使用第二多的研究设计是定性描述,如 Wikle(2018)描述了地理信息科学专业认证的基本原理。

表 4.7 所编码文献的研究设计类型

研究设计类型	*TGIS* 刊文量/篇	*CaGIS* 刊文量/篇	合计数量/篇	百分比/%
因果比较	6	4	10	28.6
定性描述	3	4	7	20.0
前实验	4	2	6	17.1
内容分析	5	0	5	14.3
相关研究设计	2	2	4	11.4
基于干预	1	3	4	11.4
准实验	2	1	3	8.6

续表

研究设计类型	*TGIS* 刊文量/篇	*CaGIS* 刊文量/篇	合计数量/篇	百分比/%
案例研究	1	2	3	8.6
定量描述	1	1	2	5.7
现象图示学	1	0	1	2.9

注：每篇文献可能有不止一种研究设计，因此百分比之和超过 100%。

使用较多的另一大类是基于实验的研究设计，此类研究的基本思路是提出教学法、设计课程或开发一种工具，然后提供证据证明这些有效。有些研究针对不同时间点的多人进行测试（Tian，2017），有些研究仅仅进行了一组测试（Ellul，2012），属于前实验（pre-experiment design），此类设计无法确切说明教学法、课程或工具有效。有些研究属于准实验（quasi-experiment design），包含对照组，如对比是否使用增强现实（Carrera et al，2017）。

内容分析（content analysis）占比 14.3%，其典型案例有对 GIS 教材（Frazier et al，2018）和培养方案（Wikle et al，2014）的分析。相关研究设计（correlational design）占比 11.4%，通常使用回归或计算相关系数探求变量之间的关系。例如，Ooms 等（2016）在研究年轻人的地图读图技能时发现，随着年龄增长，读图技能得分有提高趋势。

本书将 4 篇文献归为基于干预的设计（intervention-based design）。此类研究本质上仍然是提一种方法然后说明该方法有效这种思路，与基于实验的设计类似，但是没有提供定量证据。例如，Harvey 等（2011）将主动学习和支撑（scaffolding）用于制图课程中，虽然进行了调查和测试，但很奇怪的是，论文没有给出定量结果。定量结果报道的缺失不能改变其基于干预的设计的本质，因为此类确实提出了一种方法，但是本应该采取更为严谨的方式来证明其有效性。

案例研究（case study）、定量描述（descriptive quantitative）和现象图示学（phenomenography）分别在本研究所综述的文献中使用了 3 次、2 次和 1 次。Mitchell 等（2018）对教师发展进行了多案例研究。Mathews 等（2019）通过问卷调查描述了地理信息科学与技术教学法与教学难点。Bowlick 等（2018）使用 Q 方法访谈了 20 位 GIS 专家对于 CyberGIS 的不同看法。

3）数据收集方法

本研究所综述文献中的数据收集方法及数据源见表 4.8。在 30 篇原创研究中，93.3%采用了 1～3 种数据收集方法。大部分研究采用了调查（23 篇）、测试（15 篇，含测试、作业和学生发表论文等成果）、访谈（6 篇）和文档/物件（6 篇）。其他数据收集方法包括数据库、询问对话、课堂事件记录则很少使用。

表 4.8 所编码文献的数据收集方法

数据收集方法	*TGIS* 刊文量/篇	*CaGIS* 刊文量/篇	合计数量/篇	百分比/%
调查	12	11	23	76.7
测试	5	10	15	50.0
访谈	4	2	6	20.0
文档/物件	6	0	6	20.0
观察	0	2	2	6.7
其他	3	2	5	16.7

注：每篇文献可能采用不止一种数据收集方法，因此百分比之和超过100%。

费希尔精确检验的结果是两本期刊数据收集方式存在显著区别($p=0.050$)。主要区别是 *TGIS* 所刊文中测试方法应用偏少，*CaGIS* 所刊文中文档/物件的应用偏少。

4)采用的统计分析

在26篇使用了定量方法的研究中(混合研究和定量研究)，表4.9和表4.10展示了采用统计分析方法和层次的频率。费希尔精确检验结果显示，两本期刊统计方法的层次没有显著区别($p=0.661$)。

表 4.9 所编码文献中采用的统计分析方法

统计方法	*TGIS* 刊文量/篇	*CaGIS* 刊文量/篇	合计数量/篇	百分比/%
基础水平				
描述统计量	16	9	25	96.2
曼-惠特尼检验	5	1	6	23.1
卡方检验	3	2	5	19.2
二元相关性	1	3	4	15.4
t 检验	2	2	4	15.4
方差分析(ANOVA)	0	2	2	7.7
克鲁斯卡尔-沃利斯(Kruskal-Wallis)检验	1	1	2	7.7
F 检验	1	0	1	3.8
韦尔奇(Welch)t 检验	1	0	1	3.8
中等水平				
多元回归	1	2	3	11.5
后验对比	0	1	1	3.8
高级水平				
因子分析/主成分分析	1	2	3	11.5
聚类分析	0	1	1	3.8
重复测量	0	1	1	3.8

续表

统计方法	TGIS 刊文量/篇	CaGIS 刊文量/篇	合计数量/篇	百分比/%
主坐标分析	0	1	1	3.8
地理加权回归	1	0	1	3.8
Q 方法	1	0	1	3.8

注：每篇文献可能采用不止一种统计分析方法，因此百分比之和超过 100%。

描述性统计量使用最多，此外，曼-惠特尼检验、卡方检验、二元相关性、t 检验、因子分析/主成分分析和多元回归的使用也超过 3 次。费希尔精确检验的结果 $p=0.277$ 表明两本期刊基础统计方法的使用区别不显著。

表 4.10　所编码文献中采用统计分析的最高层次

分析的最高层次	TGIS 刊文量/篇	CaGIS 刊文量/篇	合计数量/篇	百分比/%
基础水平	13	6	19	73.1
中等水平	1	1	2	7.7
高级水平	3	2	5	19.2

5)信度与效度

对于样本量，30 篇实证研究中有 28 篇给出了样本量，样本量的大小范围从一门课程的 10 人到一项调查的 1 731 人。对于是否提及了统计假设，仅有 7 篇论文使用了中级和高级统计方法，其中 5 篇讨论了大部分统计假设，1 篇仅讨论了少数假设，1 篇未提供。26 篇包含定量研究方法的研究中，全部给出了所研究变量的操作定义，一些变量来源很复杂，如涉及的工具或方法，基本上也给出了实现细节。

30 篇实证研究中，有 4 篇没有用到调查或者测试，其余 26 篇含有调查和/或测试。表 4.11 展示了量表的信度情况。仅有 4 项研究全面或部分报道了信度。

表 4.11　所编码文献中信度的报道情况

信度	TGIS 刊文量/篇	CaGIS 刊文量/篇	合计数量/篇	百分比/%
有	0	1	1	3.8
部分	2	1	3	11.5
未报道	9	6	15	57.7
不明确	0	4	4	15.4
无量表	3	0	3	11.5

注：“有”表示报道了所有子量表的信度；“部分”表示仅报道了部分变量的指标或信度，基于已有研究；“未报道”表示可以确认研究采用了量表但没有报道其信度；“不明确”表示数据收集过程中使用了调查或测试，但未提供足以判断是否采用了量表的细节；“无量表”表示研究过程中未采用量表。

表 4.12 展示了使用调查或者测试的研究的效度情况。对于调查和测试的效度，有 14 篇论文提供了至少一种效度。这包括在设计问卷或测试时提供了所参考的理论，如 Ooms 等(2016)开发的测评年轻人地图读图技能的测试；也包括运用已

有量表或测试的情况，如 Hammond 等(2018)使用已有的 GS-TPACK 量表；还包括在设计问卷的验证了建构效度，如 Wang 等(2017)的研究。有 12 篇论文未提供任何效度信息。

表 4.12　所编码文献中效度的报道情况

效度	*TGIS* 刊文量/篇	*CaGIS* 刊文量/篇	合计数量/篇	百分比/%
充分报道	0	1	1	3.3
部分报道	8	5	13	43.3
无	6	6	12	40.0

对于使用了调查或测试的 26 项研究中，大多数研究(17 篇，占 65.4%)没有论述潜在的无反应偏差，5 篇具有 100% 的问卷回复率，4 篇论文使用了调查或者测试收集数据，但是没有出现具体问卷或测试，也没有提到问卷回复率。

4. 这些研究与其他研究的引用关系是什么？

本节首先分析这 35 篇论文所引用的文献，随后分析这 35 篇论文的被引用情况。

1)它们引用了哪些期刊？

这 35 篇论文一共引用了 WOS 核心合集中的文献 688 次，其中期刊文献 631 次，来自 264 本不同期刊。这 264 本期刊平均每本被引用 2.4 次，标准差 6.3 次，被引频次排名前 10 的期刊如表 4.13 所示。两本地理教育期刊被引用次数最多，另外 8 本期刊中，仅有 *Computers and Education* 属于 SSCI 收录的教育学期刊(Education & Educational Research 类别)，被引用了 13 次(1.9%)。此外，仅有 38 本 SSCI 收录的教育学期刊被引用了 74 次(10.8%)。这 35 篇论文还是以引用地理专业教育期刊(19.5%)和非教育期刊(40.0%)为主。

表 4.13　所编码的 35 篇文献对 WOS 收录期刊的引用情况

排名	刊名	专业期刊	教育期刊	引用次数	百分比/%
1	*Journal of Geography in Higher Education*		√	72	10.5
2	*Journal of Geography*		√	62	9.0
3	*International Journal of Geographical Information Science*	√		24	3.5
4	*Transactions in GIS*	√		21	3.1
5	*Annals of the Association of American Geographers*	√		17	2.5
6	*Cartography and Geographic Information Science*	√		15	2.2
7	*Computers and Education*		√	13	1.9

续表

排名	刊名	专业期刊	教育期刊	引用次数	百分比/%
8	*Professional Geographer*	√		10	1.5
9	*Cartographic Journal*	√		9	1.3
9	*Environmental Modelling & Software*	√		9	1.3

2)哪些期刊引用了它们?

根据 Web of Science 的检索结果,截至 2020 年 2 月 13 日,这 35 篇论文一共被引用了 195 次,引用它们的期刊排名前 10 的如表 4.14 所示,被引用最多的 10 篇论文如表 4.15 所示。共 26 次(13.3%)引用来自 2 本 SSCI 收录的地理专业教育期刊(*Journal of Geography in Higher Education* 和 *Journal of Geography*),其他引用则都是非教育期刊。同时,这些研究几乎没有收到来自 SSCI 收录的其他教育学期刊(Education & Educational Research 类别)的引用。

表 4.14　引用所编码的 35 篇文献的来源刊物

排名	刊名	专业期刊	教育期刊	引用次数	百分比/%
1	*Transactions in GIS*	√		25	12.8
2	*Journal of Geography in Higher Education*		√	19	9.7
3	*International Journal of Geographical Information Science*	√		12	6.2
4	*ISPRS International Journal of Geo-Information*	√		11	5.6
5	*Cartography and Geographic Information Science*	√		9	4.6
6	*Journal of Geography*		√	7	3.6
7	*Computers Environment and Urban Systems*	√		6	3.1
8	*International Research in Geographical and Environmental Education*		√	4	2.1
9	*New Zealand Geographer*	√		3	1.5
9	*Miscellanea Geographica*	√		3	1.5
9	*IEEE Geoscience and Remote Sensing Magazine*	√		3	1.5
9	*Cuaderno Activa*	√		3	1.5

表4.15 所编码的35篇文献中被引次数前10的文献

排名	篇名	被引频次
1	Opportunities and impediments for open GIS (Sui,2014)	35
2	Grid-enabling geographically weighted regression: a case study of participation in higher education in England (Harris et al,2010)	26
3	Augmented reality as a digital teaching environment to develop spatial thinking (Carrera et al,2017)	19
4	Hard and soft skills in preparing GIS professionals: comparing perceptions of employers and educators (Wikle et al,2015)	12
5	Education in cartography: what is the status of young people's map-reading skills? (Ooms et al,2016)	11
6	GIS course planning: a comparison of syllabi at US college and universities (Wikle et al,2014)	11
7	The instructor element of GIS instruction at US colleges and universities (Fagin et al,2011)	8
8	Bringing GEOSS services into practice: a capacity building resource on spatial data infrastructures (SDI) (Giuliani et al,2017)	7
9	GIS professional development for teachers: lessons learned from high-needs schools (Mitchell et al,2018)	6
10	RiskCity and WebRiskCity: data collection, display, and dissemination in a multi-risk training package (Frigerio et al,2010)	6

4.2.4 讨 论

本研究旨在了解GIS专业期刊中发表的教育研究论文的特点，以便揭示可能存在的问题，并为非教育学专业教师进行教育研究提出合理的建议。

1. GIS专业期刊中教育研究论文的特点与模式

1)GIS专业期刊中教育研究论文的特点

第一，发表在GIS专业期刊的教育研究基本上还是地理环境相关背景的人员在做。这符合我们有关这35篇论文作者的假设，即在这些期刊上发文的还是以非教育学专业背景的作者为主。这些人员中超过九成就职于西方国家的机构，发表了本研究范围内35篇专业教育论文中的32篇。由于所分析的论文均为英语论文，因此语言可能成为其他地区研究人员的一个障碍。英语母语者目前在GIS教育领域占据主导地位，而亚非拉地区的学者有待进一步融入这个领域。

第二，研究的主题关注最多的三项是教学、课程设计和学科知识。这个很符合非教育学专业背景人员的特点。由于没有教育学专业背景，他们一般会寻求改善教学实践,从教学研究或专业知识研究开始。这些主题在教育学专业期刊中也受到关注。

2)GIS专业期刊中教育研究论文的模式

研究主要存在两种模式。一种是行动研究(19篇,54.3%),该模式主要论证某种教学法、课程、学习工具或学习环境有效,属于美国教育科学研究院相关指南文件中的"设计与开发""设计开发与早期效力研究跨界"两种类型。此类研究通常是教师提出一种教学法,设计一门课程,开发一种学习工具,然后在教学中进行应用,通过调查或测验来评价。该模式的研究设计通常采用实验、基于干预的设计、案例研究或描述性统计。另一种是通过调查、访谈、文档/物件资料了解事物的现状、人们的感受、态度和观点,回答是什么、有什么关系、有什么区别的研究(16篇,45.7%),属于美国教育科学研究院相关指南文件中的"早期或探索性研究"类型。该模式通常采用因果比较、描述性统计、内容分析法、相关研究的研究设计类型。

2. GIS专业期刊所发表的教育研究论文的问题

(1)研究主题狭窄。研究主题聚焦于教学、课程设计、学科知识等与教学实践密切相关的主题,对学生经验、质量、系统政策、院校管理、学术作品等在教育学中较为普遍的主题关注较少。例如,ITC是一个地理信息科学与对地观测领域的国际学术机构,其很多学生来自发展中国家,可适当开展国际化以及如何援助欠发达国家学生学习最新空间信息技术的政策研究。

(2)虽然研究设计大类以混合设计为主,然而其混合不充分,也没有在研究方法部分显式说明混合的范式,与Johnson等(2012)介绍的混合研究方法相去甚远。一般就是在调查中混合使用利克特(Likert)量表式的问卷和开放问题,仅有少数几篇案例研究实现了多种不同数据收集的混合以及定性结果与定量结果的三角互证(Bowlick et al,2016;Hammond et al,2018;Mitchell et al,2018)。定量研究中没有真实验设计,定性研究中缺乏常见的历史研究等设计。这与教育专业期刊差异很大(Hutchinson et al,2004;Wells et al,2015)。而且,定量或混合研究中的中高级统计方法使用很少。

(3)研究的质量不高。这一问题可以通过一种研究设计、一类数据收集方法以及研究选题来说明。对于实验或基于干预的设计,通常是提出一种方法,设计一门课程,开发一种工具,然后证明这种做法有效。然而,按照Sung等(2019)提出的实验设计的标准,所编码的35篇论文中的实验设计基本都属于中低水准,而且以低水准居多。理由是:准实验的3篇论文缺乏基线的描述,前实验设计之前提过,虽然提供了一些有效性的证据,但是因为缺乏控制(对照)组,所以无法证明该方法、工具、课程确切有效。对于基于干预的设计,存在未提供定量证据的问题(Harvey et al,2011)。在测验或者调查收集数据之后,未对结果做充分描述,所以无法进行判断。有一些研究在其论文的结论部分简要描述了评价(Hamerlinck,

2015)，另一些研究则没有进行评价(Howarth，2015)，我们将此类研究的研究设计归为定性描述。

对于使用得最多的调查数据收集方法，问题表现得更为严重。首先，多数研究未进行或未报道预试。其次，对于信度，计算了信度的往往也就是计算了克龙巴赫 α 系数，而且对于有多个子量表的情形，也只给出了整体的 α，并未对每个子量表计算，有些研究没有计算信度。再次，对于效度，多数研究没有意识到效度这个问题，而一些研究可能只是通过使用前人问卷而碰巧避开了该问题。最后，这些研究基本上没有意识到有潜在的无反应偏差(non-response bias)这个问题，因为100%回复率不代表该研究意识到了无反应偏差。

这些研究的选题很有意义，在教育学专业期刊上也有类似选题，如Succi等(2020)对比学生和员工对软技能认知的研究与Wikle等(2015)的研究十分类似。但是前者进行了预试而后者没有进行。又如Goodwin等(2018)对教学大纲的分析与Wikle等(2014)的研究十分相似，然而前者提供了研究的信度和效度指标。相比而言，发表于教育学专业期刊上的研究要比发表在GIS专业期刊上的教育研究更为严谨，更加符合教育研究的要求。

(4)从引用和被引用的分析情况来看，虽然这35项研究对专业教育期刊 *Journal of Geography in Higher Education*、*Journal of Geography* 和教育学期刊 *Computers and Education* 有一些引用，但这些研究引用参考文献的主要来源仍然是诸如 *International Journal of Geographical Information Science*、*Transactions in GIS*、*Annals of the American Association of Geographers* 等GIS或地理学专业期刊。这35项研究所获得的引用主要来自地理及相关学科的专业期刊和地理专业教育期刊，发表在这两本期刊上的教育研究似乎形成了孤岛，与主流教育学领域割裂。

3. 启示

非教育学专业教师进行教育研究的优势为：第一，他们对自身专业的学科知识具有深入的了解，对如何设置专业课程的教学内容具有话语权，而教育学专业研究者一般不具备其他专业的知识。第二，他们通常是与学生接触的一线教师，他们对本专业学生的基本情况和学习特点有一定了解。所以在专业课程设计、教学方法、学生指导等相关研究上具有一定优势。例如“地理信息系统原理与方法”课程的设计，GIS专业教师对学生进行讲授，根据学生的反馈，修正和完善课程内容和教学方法。而教育学专业的教师只能观察若干GIS专业教师授课，获得学生的反馈，对如何设计“地理信息系统原理与方法”课程提出意见。

非教育专业教师进行教育研究的劣势为：第一，对教育研究的问题和方法缺乏了解。例如，一位物理专业的教师现在要进行教育研究，最重要的是要了解教育研究的问题，补齐教育研究方法的知识，所有研究都遵循选题、查阅文献、研究设计、收集资料、实验与结果描述、撰写报告/论文这样的流程，只要有科研的经验，转换起来是很快的。第二,理论研究或者某些宏观研究,具有一定专业门槛。非教育学专业教师一般会以自身专业的科学研究为主,不会有大量时间和精力投入教育学专业中的某个理论问题或者提出一套自己的理论。对于非教育学专业的一线教师而言,研究高等教育与国民经济的关系或者高等教育国际化这类问题显然不太适合。根据已有理论和个人情况,教师可从行动研究开始,提升教学能力,改善教学(霍莉 等,2014)。

对于非教育学专业背景的教师和研究者,如果想要从事教育研究,可以选择从教与学、课程设计、学生经验这些教育主题入手进行研究。对于这些研究者,积累教育研究方法知识至关重要(Hubball et al,2010),可通过学习教育研究方法实现(Capraro et al,2008)。等到有一定研究基础之后,可尝试研究更能获得广泛关注的研究主题。

对于教育学相关专业的教师和研究者,由于上述非教育研究教师或学者的劣势,现在正是绝佳的发展时机。此类学者可以有意识地深入其他学科,学习该学科的知识,这样更容易成为某一学科的教育学专家。

对于高校及各学科院系的决策者,应该有意识地招收具有教育学专业背景的老师,加强本学科的教育研究。目前常规的做法是一些大学在内部设有教育研究中心,对大学的教学研究提供支持。例如奥塔戈大学的高等教育发展中心近期发表的研究(Moore et al,2020),就是该中心和测绘学院教师的合作成果。那么,尝试直接在测绘学院招收具有教育背景的老师专职研究测绘科学教育就成了一条值得探索的道路。

对于可发表教育研究论文的非教育学专业期刊,应该邀请具有教育学专业背景的专家加入编委会,遇到教育研究稿件,应至少邀请一位具有教育学专业背景的审稿人审稿。同时,期刊应该对稿件的质量严格把关,参照教育研究期刊的标准进行评审。过去,这些期刊的编辑为了支持教育研究,对这些研究的质量把控不太严格(Healey,1998)。为将研究的质量提高到能被教育学专业研究者认可的程度,现在的专业期刊更应该保持与教育学期刊相同的标准。

4. 研究的局限

研究的局限主要表现为有一些 GIS 行业顶级期刊,如 *International Journal of Geographical Information Science*、*Computers, Environment and Urban* Systems 偶尔也会发表教育研究论文,如沙盘模型的应用(Moore et al,2020)、GIS 学位课程的探讨 (Wikle et al,2003),但是这些期刊的收文范围中并未言明包含教育。本书所分析的论文中没有包含这些教育研究论文。

§4.3　非教育学专业教师进行教育研究的建议

4.3.1　选择和确定研究问题

一般而言,教学研究选题的来源和途径包括从教育实践中选题、从相关理论中选题、从已有研究中选题、从学术交流中选题、在指导中选题等(潘懋元,2008;高尔 M 等,2012;维尔斯马 等,2010;李方,2016)。选题的原则包括具有科学价值和现实意义、具有创新性、符合自己的兴趣、具有可行性等(潘懋元,2008;高尔 M 等,2012;维尔斯马 等,2010;李方,2016)。选题的过程为确定研究领域或方向,查阅相关资料,确定研究题目,提出研究问题(李方,2016)。针对如何选择和确定研究问题,很多专家学者都有很好的论述,也达成了一定的共识。

然而,本书作者对于如何选择和确定研究问题有不同见解。假定从教育实践中选题,试想一个从未进行过教育研究的教师,如何确定自己遇到的问题究竟是值得研究的科学问题还是由于自身能力不足导致的一般困难而已?再如,对教育理论不了解,如何从理论中演绎出问题,或者是发现理论与实际的矛盾?又如,对相关研究不了解,甚至没有看过教育研究论文,如何发现已有研究存在什么问题?

基于这些疑问,本书作者认为选题前应该是先意识到要进行教育研究或想进行教育研究。这个意识的来源可能是实际需求,例如国家鼓励高校教师开展教学研究,可能是实际教学中遇到的问题,也可能是看到某一篇论文或是参加某次学术交流获得的灵感。非教育学专业教师有了这个意识之后,由§4.2分析可知,首先要注意自身在教育研究理论与方法基础方面的欠缺。

第一步应该是查阅文献,对教育研究有大致的了解,如教育研究包括哪些研究问题、有哪些研究方法等。这一步建议查阅经典的、对研究领域进行宏观描述的二次文献,可以快速了解研究领域。

第二步是在研究问题域或者主题中,结合自己的兴趣以及实际从事的工作选择研究主题。以高等教育研究为例,潘懋元(2008)将高等教育的研究问题域系统地总结为7类,即高等教育的基本理论问题、高等教育结构与管理问题、高等教育教学关系问题、高等教育质量控制和保障问题、高等教育社会心理问题、高等教育历史与变革的关系问题、高等教育中外交流与国际化问题。周光礼等(2013)将高等教育研究领域分为四类:体制与结构、组织与管理、知识与课程、教学与研究。Tight(2018a,2018b)从高等教育期刊上发表的文章中总结出的8个主题:教与学、课程设计、学生经验、高等教育质量、高等教育系统政策、院校管理、学术工作、知识与研究。

第三步是围绕所选的研究主题查阅文献,对该主题相关的现状进行综述和分析,确定研究问题。文献来源主要有教科书、专著、工具书、期刊、研究报告、政府文件等。文献主要分为一次文献和二次文献。所谓一次文献,是指研究者报告自己研究成果的文献,如原创性论文;所谓二次文献,则是指描述其他研究者工作的文献,如综述论文(潘懋元,2008)。检索文献的方法主要有:穷举法,即找出所有相关文献;追溯法,即利用已有的几篇核心文献的参考文献"滚雪球"(齐梅,2017)。获得文献的手段主要有图书馆检索和网络数据库检索,现在一般用网络数据库检索,图书馆检索适用于没有网络资源或者没有购买网络资源的情况。例如武汉大学在测绘领域蜚声国际，一些地图学老牌期刊，如 *Cartography and Geographic Information Systems*，在武汉大学信息学部图书馆的过刊阅览室有年代久远的期卷纸质版，该领域的权威会议"空间数据处理"(spatial data handling，SDH)早期的会议论文集保存于教师阅览室。

提示：

关于如何检索文献，本书作者分享自己的经验。第一，在教育领域的核心期刊(core journal)中搜索。这里核心期刊不是特指《中文核心期刊要目总览》中收录的期刊，而是泛指在一个领域内质量高、口碑好、影响力高的主流期刊，同行一般都会优先选择在这些期刊上发表自己的研究成果。第二，检索的专有名词一定要正确，例如翻转课堂是"flipped classroom"或"inverted classroom"，如果专有名词错了，检索结果可想而知。第三，建议从综述论文入手，先查阅综述论文了解发展趋势，再从这些论文的参考文献中顺藤摸瓜，获得其他文献。

阅读文献之后，需要进行文献综述。其目的主要在于确定该研究的意义和价值，界定研究问题，了解某一问题的发展历程和研究现状，对已有研究的思路、优点和不足进行分析、比较、批判和反思，激发新的研究思路和灵感，在此基础上引出自己的研究思路和方法，为自己所提的方法寻求论据(高尔 M 等，2012；齐梅，2017)。

第四步是对研究问题进行陈述或者形式化表达。具有科研经验的教师应该很熟悉这一步骤，如"大学生未能完成学业的主要因素是什么"。有很多教材进行了很好的论述，本书不再赘述。

研究问题不是朝夕间定下来的，而是需要不断修改和再确定，甚至扩展(维尔斯马 等，2010)，整个过程是反复的，不是一蹴而就的，例如班杜拉(2015)的社会学习理论就经过了长期的发展和研究。在反复修改和扩展的过程中，如果能与有经验的学者或导师交流则大有裨益。

4.3.2　学习研究方法

确定研究问题之后，就要着手开始研究，那么首要的步骤就是学习相应的教育研究方法，这也是非教育学专业教师最应该下功夫学习的地方。通过4.2.4小节的分析可以看出，非教育学专业研究者存在研究方法不专业、研究质量不高等问题，例如问卷调查没有预试，信度效度都不提。如果做过自己专业的研究，那么对于如何确定研究问题、查阅文献并撰写文献综述，包括后文介绍的论文写作以及投稿均具有一定经验，唯独就是教育研究方法可能从未接触过。

在教育研究方法或高等教育研究方法的教科书中，一般将研究方法分为定量研究方法和定性研究方法(潘懋元，2008；高尔 M 等，2012；维尔斯马 等，2010；李方，2016)。常用的核心研究方法包括：实验研究、准实验研究、调查研究、比较研究、相关研究、个案研究、历史研究、民族志研究、行动研究、文献研究，观察研究等，这些方法的概念不再赘述。从社会科学研究方法教材(Bryman,2015)中可以看出,这些方法与社会科学研究方法类似,所以具有社会科学研究背景的研究者很容易过渡到教育研究。

虽然不同的论著几乎都描述了这些研究方法,然而它们的描述还是有显著区别。有些论著区分研究设计和数据收集方法,有些论著一般不做严格区分。例如,高尔 M 等(2012)将统计方法、问卷和访谈法作为数据收集和分析方法,而将实验研究、准实验研究等作为研究设计。Hutchinson 等(2004)、Wells 等(2015)统计了 *Journal of Higher Education*、*Research in Higher Education* 和 *Review of Higher Education* 三本期刊 2006 年至 2010 年发表的论文中使用的各类研究方法,在他们为每篇论文的研究方法进行编码时,将实验研究、准实验研究、民族志研究、相关研究、案例研究等作为研究设计,而将调查、访谈、观察和文献法等作为数据收集的方法。

Tight 对研究方法的提法与上述论著差别很大,他的早期研究中包括文献分析、比较分析、访谈、调查和多变量分析、概念分析、现象学法、批判/女权主义的视角、自传/传记研究和观察研究(泰特,2007),随后他对这个分类进行了修改,删除了批判/女权主义的视角以及比较分析(Tight,2013)。他使用"方法/方法论"指代研究方法,尽管方法和方法论有共同之处,也经常被当作同义词交替使用,但它们的确存在区别。从本质上讲,"方法"是指收集和分析与研究问题和研究假设相关的数据的技术和程序,"方法论"则是研究者采用的深层次的途径和哲学观,但很奇怪的是,Tight 并没有提及实验研究和准实验研究。他通过对 2010 年 15 本高等教育期刊上的 567 篇论文进行分析,发现调查和多变量分析、文献分析以及访谈是三种使用最多的方法。

虽然研究方法有很多,然而进行教育研究仍然存在一些限制。以课程设计为例,课程设计之后通常需要对学生授课,然后获得学生的评价,一般的教师没有条件实现样本的随机性,选了课的学生自然形成了样本,那么实验的设计就只能从理想的真实验研究变成了准实验研究或前实验研究。在对 *Journal of Higher Education*、*Research in Higher Education* 和 *Review of Higher Education* 三本期刊 2006 年至 2010 年发表的论文进行统计之后发现真实验研究仅占 2.1%(Wells et al,2015)。再如,不设置对照组是由于这样做在教育研究中存在伦理问题。将改革的课程与未改革的课程进行对比,可能会给对照组学生造成损失,有失公允,不合乎研究伦理。教育研究中通常与人接触,很难把学生当作"小白鼠"。

4.3.3 撰写研究论文

研究完成之后就要进行整理,并对外公布研究成果。研究论文是用书面语言对研究过程的总结,是将自己的研究成果向世界公开的媒介。正规的行业核心国际期刊，不会在同行评议过程中弄虚作假，或为赚取出版费而降低标准。一篇研究论文能否在这样的国际期刊发表，取决于研究的质量，而非英语水平。研究质量不行，再华丽的辞藻也不可能发表，更何况研究论文本来就不应使用华丽的辞藻。举一个例子印证这个观点。中国首位诺贝尔文学奖获得者莫言先生的写作能力吾辈望尘莫及，然而莫言先生发表过地理信息科学专业的论文吗？再者如果莫言先生的小说本身质量不行，光靠著名翻译家葛浩文（Howard Goldblatt）先生能帮助莫言先生获得诺贝尔奖吗？所以写作能力和技巧起到的是锦上添花的作用，先要有高质量的研究本身作为“锦”，“添花”才有意义。

一篇期刊论文的正文部分通常由引言、文献分析、方法、结果、讨论和结论组成。其实绝大多数读者都了解，那么如何撰写呢？注意本书并非英语科技写作的教材，也自认为不能作为教材，作者分享一些经验：第一，把研究做好，不要求达到 *Nature* 或 *Science* 的水平，至少应该达到所投期刊的要求。第二，追踪行业的主流期刊，多看论文，建立论文模板，这一点格拉斯曼蒂欧（2011）在《英语科技写作》一书中反复提及，他就是看了 600 多篇研究论文，总结了一套英语科技写作的方法。第三，就是多写多投，在与同行专家的评审互动中学习如何写作，这个思路本书第 2 章已经谈过。

写作完成之后就要进行投稿，可投的期刊类型已在 § 4.1 中做过介绍。可投的国内期刊不限于在本章开头提到的 18 本教育学期刊（潘昆峰　等，2016），更为完整的清单还可参考南京大学中国社会科学研究评价中心发布的中文社会科学引文索引（Chinese Social Sciences Citation Index，CSSCI），以及中国社会科学评价研究院发布的吸引力、管理力、影响力（attraction，management，impact，AMI）综合评价报告。而可投的国际期刊包括但不限于社会科学引文索引（SSCI）中教育学（Education & Educational Research）类别中收录的 270 本期刊、特殊教育学（Education，Special）类别中的 44 本期刊[1]，科学引文索引（SCI）中的自然科学教育（Education，Scientific Disciplines）类别收录的 44 本期刊。

建议非教育学专业教师从可接受教育研究的自己本行的专业期刊入手，然后向自己专业的教育期刊投稿，逐步向教育核心期刊渗透。这个撰稿和投稿的过程，不仅可以与同行专家交换想法、改善研究，还能将圈子从本专业教师向教育学专业学者扩展，有助于促进跨学科交流。例如，对于 GIS 专业教师，建议先尝试向 *Transactions in GIS* 和 *Cartography and Geographic Information Science* 投稿，然后再向 *Journal of Geography in Higher Education* 和 *Journal of Geography* 投稿，最终向教育学的核心期刊，如 *Computers and Education*，*Studies in Higher*

---

[1] SSCI 收录教育类期刊数量每年存在变化，这里采用 2021 出版年的数量，与第 1 章潘云涛等（2020）研究中 2018 出版年的 243 本存在差异。同样，SCI、CSSCI、AMI 的收录数量随时间存在变化。

Education 等投稿。

著名教育学家 Shulman(2000)说过,高等教育工作者至少有两个专业,一是自身的专业领域,二是作为教育工作者的专业。希望有更多的教师和研究者加入教育研究,也希望有更多的非教育学专业教师同教育专业教师合作研究。

第5章　对学生、课程和教师的建议

在学校和院系层面诸多学者已提出了颇具建设性的建议(付金会 等,2005;张俊超 等, 2009;刘献君 等,2010a;Brew,2006;Taylor,2007;Leisyte et al,2009;Hutchings et al,2011;Hubball et al,2013),这里本书在学生、课程和教师三个层面提一些建议,这些建议仅仅代表本书的观点,不代表所在学校及其他教师。

§5.1　学生层面

5.1.1　参与科研的心态

第一,要端正态度,杜绝参加科研的“混加分”“打酱油”和“撑简历”心态,要做团队中的核心。这里读者也不要误解,这种“混”的心态不仅仅中国学生有,国外学生也存在(Robertson et al,2006)。第二,要刻苦努力,在与科研相关的核心能力上下苦功。中国“玩命的中学,快乐的大学”现象由来已久(温才妃,2018;Guo, 2016;Young,2017;Zhang,2019)。据本书作者之一田晶当班级导师时的观察确实如此,很多学生的努力程度远远不够,每天就在校园里面闲逛或者在寝室玩游戏。一些口号如“60分万岁”,都被曲解了。如果我们的课程都像世界顶尖名校那样,课下要看很多材料,课程考试难度很大,那确实是“60分万岁”,然而我们这里如果连背讲义的课程也是“60分万岁”,显然是学生的问题。第三,心理素质要过硬,不能遇到一点挫折就轻言放弃,本科生投国际期刊被拒是很正常的。第四,如果真心走科研这条路,那么就应该多投入时间,而不是遇到一点其他事情,就最先舍弃科研。据本书作者调查,学生平均在科研上投入的时间占其投入科研和课程总时间的35%,显然时间投入是不够的。第五,如果有导师指导,那么要积极联系导师,倒逼导师重视你,然而我们的学生一般导师不找他们,他们很少主动联系导师。

5.1.2　如何做科研

第一,通过阅读本学科的重要期刊(如GIS学科的期刊可见3.3.1小节),掌握近期的研究热点以及学科的发展趋势,从中找出自己感兴趣的研究题目,养成多看论文、跟踪期刊的习惯。因为现在期刊都是网络优先出版,学生从中可以获得最新的研究资讯。这里有个矛盾的地方,就是研究问题可以是一开始就由导师定好了,然后去查找相关文献,也可以是自己通过看文献找出来的。那么,到底是先定研究问题还是先查找文献？不必拘泥于此，在对整个学科的研究不了解的情况下，阅读大量文献是必需的，哪怕与最后的选题的联系不太紧密，也有助于定位自己的研究，所以本书建议先阅读大量文献。

第二，对选定的研究题目，总结：①该研究的发展趋势，还有哪些问题是已有文献未涉及的；②对该研究问题"各门各派"的观点，如各类解决方法的优缺点、存在的问题。最好能复现已有研究，因为之后八成会进行对比，特别是方法类的论文，对比是常规写法，就算初稿想逃避，大概率会碰到审稿人要求对比。

第三，针对研究问题，提出解决方案，这一点需要靠自身的积累以及个人的天赋，无法一概而论。通过这个过程可以找出自己缺少哪些研究必备的技能，如编程或者是使用软件，那么就要先学习这些技能。

第四，对提出的解决方案进行扎实的实验，需要针对不同数据多次实验，得到一个可信可重复的结果。

第五，撰写论文，看多了自然会写，初学者可以找范文作模板。写完之后投出去让同行专家"免费看病"，被拒稿是很正常的，记住自己是本科生，有的是时间和机会改进。

§5.2 课程层面

《纲要》关于创新人才模式的要求："倡导启发式、探究式、讨论式、参与式教学，帮助学生学会学习"，同时也是《国务院办公厅关于深化高等学校创新创业教育改革的实施意见》关于健全创新创业教育课程体系的主要任务之一："面向全体学生开发开设研究方法、学科前沿、创业基础、就业创业指导等方面的必修课和选修课"。

5.2.1 课程内容

对于课程内容，不宜一概而论。专业课的课程内容应注重结合科研，如讲授空间统计课程的教师不仅仅是介绍课程内容，还要把该领域的相关期刊（如Elsevier出版、荷兰特文特大学Alfred Stein主编的期刊*Spatial Statistics*）介绍给学生，然后在期刊上找一些用到了课程内容相关知识的论文推荐给学生阅读。这一建议符合《规划》中关于深化本科教育教学改革的要求："强化课程研发、教材编写、教学成果推广，及时将最新科研成果、企业先进技术等转化为教学内容。"要提供科研机会，培养学生的解决问题的能力，因为每个学科是不断发展的，不可能穷举将来用到的知识。

通识课的内容应注意与专业课衔接。就数学而言，数学可以说对所有其他学科均有作用，不论是作为其他学科的基石，还是说培养逻辑思维能力，抑或是某些学科的工具。然而，仅仅机械地教授数学，学生无法知道为什么要学数学以及数学与本专业的相关性，这样又进一步导致学生学习数学的积极性不高。多数学生学习数学的唯一用处就是考研。试举两例：线性代数的教学内容最好能与数字图像处理结合，这样有助于选择遥感方向的学生学习遥感相关的课程；统计学的教学应该与空间统计相结合，着重讲清楚统计与空间统计的联系与区别。

同时，应该增加课程内容的深度和难度。例如，C＋＋程序设计课程一定要着重讲模板、泛型、容器等进阶内容，而不要花过多时间介绍前几章的基础性内容，即便是在讲基础性内容的时候也需要着重讲编程的理念和思路，而不是停留在介绍概念上，应避免课堂上学的编程知识不能应用于实际项目。

5.2.2　课程形式

课程形式可采用基于项目的方法或基于问题的方法进行教学，让学生主动学习，学会学习，实现终身学习。已有许多成功的案例可以借鉴和参考(Pawson et al，2006；Dengler，2008；Spronken-Smith et al，2008b；Fuller et al，2014；Bowlick et al，2016)。

这里介绍采用基于课程的本科生研究经历(course-based undergraduates research experience，CURE)的教学方式(Auchincloss et al，2014；Bangera et al，2014；Corwin et al，2015a，2015b；Brownell et al，2015a，2015b；Rowland et al，2015)。它能让学生在课堂上进行真正的科学研究，这可以看作探究式学习的高阶形式。CURE 具有五个方面的特征(Auchincloss et al，2014；Corwin et al，2015a)：

(1)参与科学实践。科学研究包括一系列的活动：提出问题、建立和评价模型、提出假设、设计实验、选择方法、运用科学工具、收集和分析数据、识别有意义的变化、清洗真实数据、解释结果和观点并提出批判、交流发现等。尽管学生在一次 CURE 中可能不会参与以上所有活动，然而应尽可能参与，而不仅仅只是收集数据。

(2)发现。所从事的研究结果是未知的、未事先确定的，存在不可预见的、模糊不清的结果，需要通过探索和基于证据的推理获得新的知识与见解。

(3)具有广泛意义或是重要工作。研究的是学科领域或当地社区所关注的重要问题，学生有机会以科技论文或研究报告作者的身份在课堂之外产生更为广泛的影响。

(4)合作。鼓励学生合作与互助，通过回应同伴提出的反馈意见完善自身工作。

(5)迭代。学生可以设计、执行和解释一项科学研究，基于他们的研究结果，学生修改或重复他们的工作，解决其中存在的问题与不一致性，排除其他潜在的解释，收集更多支撑数据确证已有发现。学生还可以在他人研究的基础上，对其中一些方面进行修改。学生通过尝试、失败、再尝试的过程以及评论其他人的工作的方式学习。

本书第 3 章提出的教学与科研结合的课程设计方法仅仅具有 CURE 的部分特征，因为我们的课程还允许学生复现已有研究成果，而不强制要求必须是新的研究或是发现新的知识。

5.2.3　课程考核

《规划》中关于建立科学评价体系的要求:“探索基于真实任务的评价方法,注重考核学生运用知识系统分析问题和解决问题的能力”,也是《国务院办公厅关于深化高等学校创新创业教育改革的实施意见》中关于改革教学方法和考核方式的措施之一:“改革考试考核内容和方式,注重考查学生运用知识分析、解决问题的能力,探索非标准答案考试”。

这里介绍武汉大学资源环境科学学院艾廷华教授的例子。艾廷华教授是地图综合领域顶尖专家,在 *International Journal of Geographical Information Science*,*ISPRS Journal of Photogrammetry and Remote Sensing*、*Computers*,*Environment and Urban Systems*,*Cartography and Geographic Information Science*,*Transactions in GIS* 等期刊发表过多篇以地图综合为主题的论文,主持研发的具有自主知识产权的地图综合软件 DoMap 以及同香港理工大学合作研发的 GenTools 都曾在国家空间数据基础设施 1∶5 万数据库建立与更新以及第二次全国土地调查等重大项目的地形图缩编任务中发挥重要作用(艾廷华 等,2005;王艳江,2008;郁飞 等,2012)。艾老师长期对地理信息科学专业大三本科生教授“地图自动综合原理”一课,其考试为开卷形式,一般为 6～8 个问题,与科研和实际需求紧密结合,如地铁线划图的综合与一般路网综合的区别。

即便是对书本知识的考查,艾老师也不拘泥于仅仅考查记忆,例如:给定同一区域综合前后的两张图如图 5.1 所示(Stoter et al,2014),该图并非考试原题,仅作示意说明,要求学生回答从大比例尺的资料图到小比例尺的成果图的综合过程中使用了哪些地图综合算子。相较于该问题,有关聚合、合并这些地图综合算子含义的名词解释类题目显然陷入了考查机械式记忆的误区。两种类型的题目虽然都是在考查学生对地图综合算子的掌握情况,显然前者更为有效。这种考查的方式值得其他课程借鉴。

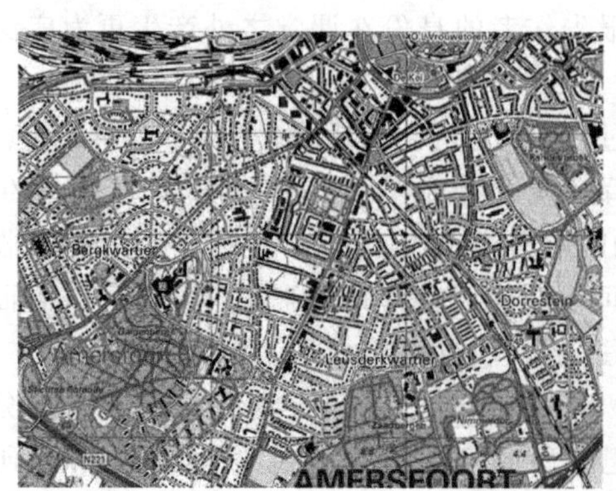

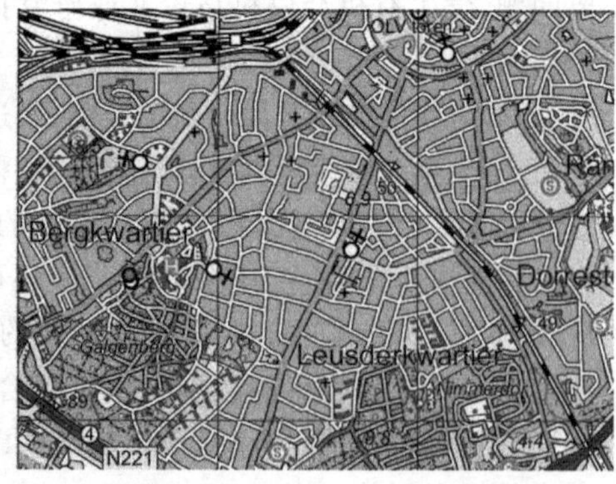

图 5.1　同一区域综合前后的地形图

课程考核应严把出口，上过课不等于学会。以实践为主的课程，特别是计算机类和制图类的课程，考试应该以实践为主。与程序设计相关的课程，如各类计算机编程语言、数据结构的课程应该着重考查程序是否正确和能否正常运行。对于制图类课程，应着重考查学生能否制作达到出版要求的图件。这与驾照考试类似，路考不过就不及格。

§5.3　教师层面

5.3.1　教学科研两手抓

一方面，教师要重视科研，虽然现在强调“破除五唯”，但是并不是否认科研，科研仍然很重要。钱伟长院士指出科研反映教师对本学科清楚不清楚。教学没有科研作为底蕴，就是一种没有观点、没有灵魂的教育。一个教师在大学里能否教好书，与他搞不搞科研关系很大（钱伟长，2003）。科研是教学的基础，它为教学内容提供知识源泉。如果没有扎实的研究基础经验，课堂教学就变成人云亦云，或者机械的填鸭式教育。有科研背景的老师才能了解学科前沿，使自己的教学内容不断更新（余秀兰，2008；郭英德，2011）。缺乏科研活动的教师不能把学生引领到学科及专业的前沿，自己也没有什么名气，而科研做得好的老师通常受到学生的认可和追捧（徐颖，2011）。

另一方面，教师要倾心教学，教学可以反哺科研，主要表现在以下四个方面（Coate et al，2001）。第一，教师要想教得好，必然要精心备课。在这个过程中，教师需要深入了解课程所处的学科与相关的学科知识，这将促使教师反思自己的研究与学科的关系，避免“只见树木，不见森林”（Neumann，1992；Robertson，2007）。第二，教学过程中与学生的交流可以发现新的研究问题和研究思路，学生的学习活动本身也为科研提供了素材（韩媛 等，2015；Elsen et al，2009）。第三，教师向学生展示自己的研究，学生提出疑问并测试教师提出的研究思路，有助于不断完善和修正研究（Griffiths，2004；Harland，2016）。第四，好的教学会激发学生对所在专业的兴趣，使学生成为研究的后备军（Prince et al，2007；Casanovas-Rubio et al，2016）。

尽管教师在教学和研究这两种角色方面感受到冲突并感到精疲力竭（Xu，2019），但是这也是普遍现象，与其叫苦连天，不如干一行爱一行。教师要与时俱进，跟上潮流，用研究武装自己，用教学造福学生。现在对于教学和研究要求很高，竞争激烈，这已经不是职称晋升的问题了，而是岗位去留的问题了。在编制以及终身制极有可能被打破的今天，如果再抱有入职即准备养老退休的思想是很危险的。

5.3.2　自发践行本科生导师制

Allen(2007)提出了五个教师愿意参与指导的动机,包括预期的投入和收益因素、倾向因素、环境因素、之前是否具有指导经历、人口学因素等。以前的政策确实是在阻碍教师参与指导学生,打消教师的积极性,国内外都存在这种现象(Eagan et al,2011),例如职称晋升主要看科研。但是现在情况与以往有所不同,在“以本为本”“四个回归”的大背景下,各个学校相应出台了相关政策,这些政策很好地解决了预期的投入和收益因素以及环境因素两个方面的问题。其余三个因素,即倾向因素、之前是否具有指导经历、人口学因素就是教师主观可掌控的,特别是倾向因素和人口学因素。如果有指导意愿,那么之前是否具有指导经历并不重要。

导师制由来已久,19世纪末牛津大学和剑桥大学首先在本科生教育中采用该制度,形成了本科生导师制(简称“本导制”)(丁林,2009)。此后,本导制传向美国、日本等地,受到哈佛、普林斯顿、筑波等大学的接纳(闫瑞祥,2013)。到20世纪30年代,我国的燕京大学、浙江大学开始施行该制度(付八军,2008;刘恩元,2010)。21世纪以来,北京大学、清华大学和浙江大学带动了国内高校对本导制的运用(王路 等,2013;吴立爽,2014;石荣传,2016;邱国玉 等,2008)。作为高等教育人才培养质量提升的重要举措之一(靖国安,2005;刘晓颖,2016),本导制在提高本科生的科研技能和竞争力、建立和谐的师生关系、弥补学分制的不足等方面的成效得到一些成功案例的支持(李呈德 等,2007;黄锁义 等,2011;尉建文 等,2012;刘济良 等,2013;方世明 等,2013;韩军,2015;洪涛,2015;石荣传,2016),同时对教师专业发展也有重要意义(查永军,2017)。

然而,高校在施行本导制时存在导师资源不足、生师比严重失衡,制度定位不清导致的职责不明确、评价体系不健全,缺乏物质保障、运行机制缺失等问题(付八军,2008;丁林,2009;刘济良 等,2013;阴医文,2013;闫瑞祥,2013;方世明 等,2013;吴立爽,2014;韩军,2015;洪涛,2015;石荣传,2016),使得本导制往往流于形式。教育工作者们提出了一系列的建议和对策。这些建议和对策有些是从高校决策的层面提出的(费英勤 等,2003;付八军,2008;邱国玉 等,2008;刘济良 等,2013;闫瑞祥,2013;阴医文,2013;吴立爽,2014;韩军,2015;洪涛,2015;刘晓颖,2016;陈力祥,2016;石荣传,2016),例如明确导师的责任与工作目标、创建师生双向选择机制、构筑科学的激励和评价体系等。有些是从思想和文化方面提出的,例如:何齐宗等(2012)提出本导制实践基于一定的文化环境,需要高校在“自由教育”“通识课程”“启发教学”等方面达成共识;陈仁仁(2016)认为在学习国际经验的同时,更需要加强传统教育对人格的培养。上述研究对于本导制的作用、存在问题以及对策做了很多有益的探索,教师可在这些成果、经验和教训的基础上自发践行本导制。每个教师都做好了,学生自然而然就好了。

在践行本科生导师制方面，本书作者之一田晶的做法是大一上学期对班上的所有学生介绍如何学习，陪同和督促学生学习。在上课的时候招募有兴趣的同学进行科研训练，依托所提出的学徒模型进行指导。并仿照博士生培养方式，强化学位论文的作用，提出学位论文不是大四下学期的事，而是由平时的研究最后自然形成学位论文。推行本科生导师制的主体是教师，而不是学校，所以不要把责任推给学校。作为教师，我们要积极响应《纲要》的号召："教师要关爱学生，严谨笃学，淡泊名利，自尊自律，以人格魅力和学识魅力教育感染学生，做学生健康成长的指导者和引路人"，要让每个学生得到指导，让他们感受到在学校中并不孤独。

参考文献

艾廷华,郭宝辰,黄亚峰,2005.1:5 万地图数据库的计算机综合缩编[J]. 武汉大学学报(信息科学版),30(4):297-300.

艾廷华,禹文豪,2013. 水流扩展思想的网络空间 Voronoi 图生成[J]. 测绘学报,42(5):760-766.

班杜拉,2015. 社会学习理论[M]. 陈欣银,李伯黍,译. 北京:中国人民大学出版社.

蔡映辉,2002. 论大学教学必须与科研相结合[J]. 高等理科教育(2):73-76.

陈力祥,2016. 实施本科生导师制之长效机制探究[J]. 大学教育科学,7(5):33-37.

陈仁仁,2016. 创新本科生导师制 重塑现代大学教育理念[J]. 大学教育科学(3):64-69.

崔鹏,2014. 高校教学与科研关系失衡探讨[J]. 教育评论(3):18-20.

丁林,2009. 本科生导师制:意义、困境与出路[J]. 黑龙江高教研究,27(5):74-77.

范迅,常维亚,吕建明,等,2015. 以创新教学为载体 全面实施本科生导师制[J]. 中国大学教学(8):26-28.

方世明,刘志玲,2013. 我校土地资源管理专业实行本科生导师制的思考[J]. 中国地质大学学报(社会科学版),13(S1):92-94.

费英勤,颜洽茂,2003. 本科生导师制探析[J]. 高等工程教育研究,21(6):24-26.

付八军,2008. 本科生导师制的探索与实践[J]. 中国高等教育,29(10):24-26.

付金会,宋学锋,2005. 影响高等学校教学与科研平衡的因素分析[J]. 高等工程教育研究(6):29-31.

高尔 M,博格,高尔 J,2012. 教育研究方法导论[M]. 许庆豫,等,译. 南京:江苏教育出版社.

格拉斯曼蒂欧,2011. 英语科技写作[M]. 雷锦誌,刘俊丽,武林晓,译. 北京:机械工业出版社.

龚健雅,2013. 地理信息系统基础[M]. 北京:科学出版社.

顾丽娜,陆根书,施伯琰,2007. 高校教学与科研关系的实证分析[J]. 辽宁教育研究(3):25-27.

郭传杰,2010. 坚持教学与科研结合培育创新型人才[J]. 国内高等教育教学研究动态(9):14.

郭明强,黄颖,谢忠,等,2017. 依托 GIS 二次开发竞赛的大学生双创能力培养模式探讨[J]. 测绘工程,26(12):71-75.

郭英德,2011. 教学与科研的双向互动:国家级优秀教学团队建设经验谈[J]. 中国大学教学,27(11):58-62.

韩军,2015. 本科生导师制的实施现状?问题成因及对策分析[J]. 教育评论,31(10):105-108.

韩淑伟,仇鸿伟,陆德国,2007. 教师科研水平与本科教学效果关系的实证分析——关于某校本科教学效果与科研水平相关性案例研究[J]. 高教探索(S1):188-190.

韩媛,范武邱,2015. 以教学带科研以科研促教学[J]. 中国高等教育(15):69-71.

何齐宗,蔡连玉,2012. 本科生导师制:形式主义与思想共识[J]. 高等教育研究,33(1):76-80.

洪涛,2015. 本科生导师制在创新创业教育中的意义与发展[J]. 继续教育研究(12):38-40.

侯定凯,2010. 博耶报告 20 年:教学学术的制度化进程[J]. 复旦教育论坛,8(6):31-37.

胡鹏,黄杏元,华一新,2002. 地理信息系统教程[M]. 武汉:武汉大学出版社.

黄大林,戴支凯,陈建宏,等,2012. 课堂教学与科研相结合的大学生科研能力培养探索[J]. 基础医学教育,14(9):692-694.

黄锁义,李容,潘乔丹,等,2011. 本科生导师制下大学生科研创新能力培养的研究与实践[J]. 高教论坛(2):22-24.

黄杏元,马劲松,2008. 地理信息系统概论[M]. 3 版. 北京:高等教育出版社.

霍莉,阿哈尔,卡斯滕,2014. 教师行动研究[M]. 祝莉丽,张玲,李巧兰,译. 北京:中国人民大学出版社.

靖国安,2005. 本科生导师制:高校教书育人的制度创新[J]. 高等教育研究,26(5):80-84.

兰甘,2007. 美国大学英语写作[M]. 北京:外语教学与研究出版社.

李斌,廖明光,渠芳,等,2016. 资源勘查工程专业石油地质学教学探索与实践[J]. 高校实验室工作研究(3):7-8.

李呈德,何明,2007. 本科生导师制培养学生创新力的有效性分析[J]. 北京理工大学学报 (社会科学版), 9(S1):53-55.

李方,2016. 现代教育研究方法[M]. 6 版. 广州:广东高等教育出版社.

李斐,2015. 论我国高校教学与科研关系的演变与协调发展[J]. 高校教育管理,9(1):1-5.

李健,2008. 培养创新型人才必须强化教学与科研的融合[J]. 中国高等教育(9):14-15.

李菁菁,陈娴,王君辉,等,2015. 以教师科研课题为载体的大学生科研素养的培养[J]. 中国医学教育技术(1):80-83.

李克勤,2011. 新建本科院校教学与科研和谐发展的瓶颈与消解对策[J]. 现代大学教育(6):66-69.

李硕豪,张红,2015. 国际高等教育研究现状及启示——基于 13 种 SSCI 期刊 2010—2014 年发表论文情况的量化分析[J]. 中国高教研究(10):57-62.

李湘萍,2015. 大学生科研参与与学生发展——来自中国案例高校的实证研究[J]. 北京大学教育评论,13(1):129-147.

李永刚,2017. 高校教学与科研结合的政策困局与破解路径——基于科教结合政策文本(1987—2016 年) 的分析[J]. 教师教育学报(4):84-92.

李泽彧,曹如军,2008. 大众化时期大学教学与科研关系审视[J]. 高等教育研究,29(3):51-56.

梁林梅,2010. 国外关于本科教学与科研关系的探析[J]. 江苏高教(3):67-70.

林梦泉,陈燕,毛亮,等,2019. 以立德树人为核心的中国特色人才培养成效评价初探[J]. 学位与研究生教育(4):1-7.

刘恩元,2010. 本科生导师制的有效运行机制探索[J]. 中国成人教育(21):90-92.

刘济良,王洪席,2013. 本科生导师制:症结与超越[J]. 教育研究,34(11):53-56.

刘献君,吴洪富,2010a. 非线性视域下的大学教学与科研关系研究[J]. 高等工程教育研究(5):77-87.

刘献君,张俊超,吴洪富,2010b. 大学教师对于教学与科研关系的认识和处理调查研究[J]. 高等工程教育研究(2):35-42.

刘晓颖,2016. 高等教育综合改革视角下本科生导师制的有效实施[J]. 中国成人教育(24):22-26.

刘振天,2017. 教学与科研内在属性差异及高校回归教学本位之可能[J]. 中国高教研究(6):18-25.

陆根书,顾丽娜,刘蕾,2005. 高校教学与科研关系的实证分析[J]. 教学研究, 28(4):286-290.

潘竞虎,2015. 地方高校 GIS 本科生参与科研活动的思考[J]. 地理教育(9):54-55.

潘昆峰,孙怡帆,何章立,2016. 中文顶级教育类期刊的论文偏好模式与期刊影响力——来自2015 年 18 家教育类中文核心期刊论文的证据[J]. 中国高教研究(4):30-38.

潘懋元,2008. 高等教育研究方法[M]. 北京:高等教育出版社.

潘云涛,马峥,张玉华,等,2020. 2018 年中国科技论文统计与分析简报[J]. 中国科技期刊研究,31(1):88-98.

彭春妹,2010. 大学教学:应然,实然与当然[J]. 大学教育科学(3):29-33.

齐梅,2017. 教育研究方法[M]. 北京:北京师范大学出版社.

钱伟长,2003. 钱伟长院士论教学与科研关系[J]. 群言,19(10):16-20.

邱国玉,王佩,谢芳,2008. 在我国高校实行本科生导师制的探索与思考[J]. 中国大学教学(9):25-27.

曲霞,黄露,2016. 高校教师科教融合理念认同与实践情况的调查与思考[J]. 高等工程教育研究(4):83-89.

任晓光,2010. 对大学生科研训练的若干思考[J]. 国家教育行政学院学报(3):46-48.

石荣传,2016. 本科生导师制:类型、实施现状及完善对策[J]. 大学教育科学,7(3):70-73.

时伟,2007. 大学教学的学术性及其强化策略[J]. 高等教育研究,28(5):71-75.

泰特,2007. 高等教育研究[M]. 侯定凯,译. 北京:北京大学出版社.

汤国安,2007. 地理信息系统教程[M]. 北京:高等教育出版社.

田晶,王一恒,任畅,等,2019. 地图综合算法的 MATLAB 实现[M]. 北京:测绘出版社.

田晶,王一恒,任畅,等,2020. MATLAB 基础教程与应用[M]. 北京:测绘出版社.

万剑峰,刘俊利,刘秀芳,2012. 指导大学生科研活动探索[J]. 大学教育, 1(8):122-123.

王保星,2011. 从“结合”走向“疏离”:大学“教学”与“科研”关系的历史解读[J]. 中国人民大学教育学刊(1):128-136.

王根顺,王辉,2008. 我国研究型大学本科生科研能力培养的途径与实践[J]. 清华大学教育研究,29(3):10.

王贵林,2012. 教学学术:教学型大学教师发展的基本选择[J]. 高等工程教育研究(3):103-107.

王建华,2007. 大学教师发展——“教学学术”的维度[J]. 现代大学教育(2):1-5.

王建华,2015. 重温“教学与科研相统一”[J]. 教育学报,11(3):77-86.

王路,赵海田,程翠林,等,2013. 本科学生导师制教育十年实践的问题与对策[J]. 黑龙江教育学院学报,32(1):26-27.

王艳江,2008. GENTOOLS 在国家 1∶50000 数据库更新工程中的应用研究[J]. 测绘与空间地理信息,31(1):135-137.

王玉衡,2005. 试论大学教学学术运动[J]. 外国教育研究,32(12):24-29.

王玉衡,2006. 美国大学教学学术运动[J]. 清华大学教育研究,27(2):84-90.

王中晶,袁勤俭,2015. 我国教育学国际论文研究主题的热点、演化及其趋势分析 (2007—2013)[J]. 现代情报,35(7):105-111.

维尔斯马,于尔斯,2010. 教育研究方法导论[M] 袁振国,译. 9 版. 北京:教育科学出版社.

尉建文,陆凝峰,2012. 默会知识与本科生导师制——基于大学生成长的视角[J]. 高等教育研究,33(11):78-84.
魏红,程学竹,赵可,2006. 科研成果与大学教师教学效果的关系研究[J]. 心理发展与教育,22(2):85-88.
温才妃,2018."玩命的大学"会否对应"快乐的中学"[EB/OL]. [2020-06-20]. 中国科学报,http://news.sciencenet.cn/htmlnews/2018/6/414808.shtm.
邬伦,张晶,赵伟,2002. 地理信息系统[M]. 北京:电子工业出版社.
吴洪富,2011. 国内教学与科研关系研究的历史脉络[J]. 江苏高教(1):62-65.
吴洪富,2012. 大学教学与科研关系的历史演化[J]. 高教探索(5):98-103.
吴洪富,2014a. 高校教师教学发展中心的实践课题[J]. 高等教育研究,35(3):45-53.
吴洪富,2014b. 大学场域变迁中的教学与科研关系:一项关于教师行动的研究[M]. 北京:教育科学出版社.
吴立爽,2014. 地方本科院校多元化本科生导师制探析[J]. 中国高教研究,30(5):74-76.
吴再生,2012. 吴有训大学教育思想及其在清华的实践——以高水平科学研究支撑的高质量大学教育[J]. 清华大学教育研究, 33(3):112-118.
徐颖,2011. 大学教学与科研非良性互动成因及对策[J]. 中国高等教育(12):54-55.
闫瑞祥,2013. 我国本科生导师制存在的问题及其改革[J]. 教育发展研究,33(21):73-76.
姚利民,綦珊珊,郑银华,2006. 大学教师成为教学学术型教师之路径探讨[J]. 大学教育科学(5):41-45.
阴医文,2013. 构建符合创新人才培养需要的本科生导师制——本导制度运行现状辨析与发展对策研究[J]. 中国大学教学(1):40-42.
于晓敏,赵世奎,李泮泮,2016. 我国"博士学位论文"主题研究的文献计量分析[J]. 国家教育行政学院学报(2):79-84.
余秀兰,2008. 研究型教学:教学与科研的双赢[J]. 江苏高教(5):60-63.
郁飞,吴全,郝润梅,2012. Domap 软件进行二调缩编的可行性研究[J]. 内蒙古科技与经济(3):89-91.
袁维新,2008. 教学学术:一个大学教师专业发展的新视角[J]. 高教探索(1):22-25.
苑茜,周冰,沈士仓,等,2000. 学徒制[M]//现代劳动关系辞典. 北京:中国劳动社会保障出版社.
查永军,2017. 本科生导师制视角下高校教师专业发展[J]. 教育评论(8):124-126.
张楚廷,2003. 再论教学与科研关系[J]. 湖南师范大学教育科学学报,2(4):34-38.
张红兵,2018. 应用型大学教学与科研"相长"的对策研究[J]. 大学教育, 7(3):1-3.
张俊超,吴洪富,2009. 变革大学组织制度,改善教学与科研关系[J]. 中国地质大学学报(社会科学版),9(5):119-124.
张鲜华,2017. 教与研的关联——基于一所普通高校的实证分析[J]. 高教探索(10):5-11.
张燕,2007. 如何结合知识传授训练大学生的科研能力浅探[J]. 中国大学教学(9):32-33.
周光礼,谢清,2013. 中国高等教育研究的前沿与进展:2012 年年度报告[J]. 中国高教研究(7):23-36.
朱郴韦,邢鹏,2015. 创新教育下本科生导师制教育特征与工作机制[J]. 中国教育学刊(S2):361-362.

ABBOTT B P,ABBOTT R,ABBOTT T D,et al,2016. Observation of gravitational waves from a binary black hole merger[J]. Physical Review Letters,116(6):061102.

ADITOMO A,GOODYEAR P,BLIUC A M,et al,2013. Inquiry-based learning in higher education:principal forms,educational objectives,and disciplinary variations[J]. Studies in Higher Education,38(9):1239-1258.

AKCAYIR M,AKCAYIR G,2017. Advantages and challenges associated with augmented reality for education:a systematic review of the literature[J]. Educational Research Review,20:1-11.

ALLEN T D,2007. Mentoring relationships from the perspective of the mentor[M]//The Handbook of Mentoring at Work:Theory,Research,and Practice. Los Angeles:Sage:123-148.

AL-MAKTOUMI A,AL-ISMAILY S,KACIMOV A,2016. Research-based learning for undergraduate students in soil and water sciences:a case study of hydropedology in an arid-zone environment[J]. Journal of Geography in Higher Education,40(3):321-339.

AUCHINCLOSS L C,LAURSEN S L,BRANCHAW J L,et al,2014. Assessment of course-based undergraduate research experiences:a meeting report[J]. CBE – Life Sciences Education,13(1):29-40.

BAK H J,2015. Too much emphasis on research? An empirical examination of the relationship between research and teaching in multitasking environments[J]. Research in Higher Education,56(8):843-860.

BAKER K M,JOHNSON A C,CALLAHAN C N,et al,2016. Use of cartographic images by expert and novice field geologists in planning fieldwork routes[J]. Cartography and Geographic Information Science,43(2):176-187.

BANGERA G,BROWNELL S E,2014. Course-based undergraduate research experiences can make scientific research more inclusive[J]. CBE – Life Sciences Education,13(4):602-606.

BARNETT R,2000. Supercomplexity and the curriculum[J]. Studies in Higher Education,25(3):255-265.

BARNETT R,2004. Learning for an unknown future[J]. Higher Education Research & Development,23(3):247-260.

BAUER K W,BENNETT J S,2003. Alumni perceptions used to assess undergraduate research experience[J]. The Journal of Higher Education,74(2):210-230.

BECKMAN M,HENSEL N,2009. Making explicit the implicit:defining undergraduate research[J]. CUR Quarterly,29(4):40-44.

BEHAR-HORENSTEIN L S,ROBERTS K W,DIX A C,2010. Mentoring undergraduate researchers:an exploratory study of students' and professors' perceptions[J]. Mentoring & Tutoring:Partnership in Learning,18(3):269-291.

BIGGS J B,1996. Western misconceptions of the Confucian-heritage learning culture[M]//WATKINS D A,BIGGS J B. The Chinese learner:cultural,psychological and contextual influences:45-67. Hong Kong:University of Hong Kong.

BILJECKI F,2016. A scientometric analysis of selected GIScience journals[J]. International

Journal of Geographical Information Science, 30(7): 1302-1335.

BLACKWELL J E, 1989. Mentoring: an action strategy for increasing minority faculty[J]. Academe, 75(5): 8-14.

BOWLICK F J, BEDNARZ S W, GOLDBERG D W, 2016. Student learning in an introductory GIS course: using a project-based approach[J]. Transactions in GIS, 20(2): 182-202.

BOWLICK F J, GOLDBERG D W, BEDNARZ S W, 2017. Computer science and programming courses in geography departments in the United States[J]. The Professional Geographer, 69(1): 138-150.

BOWLICK F J, GOLDBERG D W, BEDNARZ S W, 2018. Valuable components of CyberGIS: expert viewpoints through Q-method interviews[J]. Transactions in GIS, 22(5): 1105-1129.

Boyer Commission, 1998. Reinventing undergraduate education: a blueprint for America's research universities[M]. Princeton, NJ: Carnegie Foundation for the Advancement of Teaching.

BRAXTON J M, 1996. Contrasting perspectives on the relationship between teaching and research[J]. New Directions for Institutional Research, 90: 5-14.

BREW A, 1999. Research and teaching: changing relationships in a changing context[J]. Studies in higher education, 24(3): 291-301.

BREW A, 2003. Teaching and research: new relationships and their implications for inquiry-based teaching and learning in higher education[J]. Higher Education Research & Development, 22(1): 3-18.

BREW A, 2006. Learning to develop the relationship between research and teaching at an institutional level[J]. New Directions for Teaching and Learning, (107): 11-22.

BREW A, 2010. Imperatives and challenges in integrating teaching and research[J]. Higher Education Research & Development, 29(2): 139-150.

BREW A, 2012. Teaching and research: new relationships and their implications for inquiry-based teaching and learning in higher education[J]. Higher education research & development, 31(1): 101-114.

BREW A, BOUD D, 1995. Teaching and research: establishing the vital link with learning[J]. Higher Education, 29(3): 261-273.

BREW A, GINNS P, 2008. The relationship between engagement in the scholarship of teaching and learning and students' course experiences[J]. Assessment & Evaluation in Higher Education, 33(5): 535-545.

BREW A, MANTAI L, 2017. Academics' perceptions of the challenges and barriers to implementing research-based experiences for undergraduates[J]. Teaching in Higher Education, 22(5): 551-568.

BROWNELL S E, HEKMAT-SCAFE D S, SINGLA V, et al, 2015a. A high-enrollment course-based undergraduate research experience improves student conceptions of scientific thinking and ability to interpret data[J]. CBE－Life Sciences Education, 14(2): ar21.

BROWNELL S E, KLOSER M J, 2015b. Toward a conceptual framework for measuring the effectiveness of course-based undergraduate research experiences in undergraduate biology[J].

Studies in Higher Education,40(3):525-544.

BRYMAN A,2015. Social research methods[M]. Oxford:Oxford University Press.

BUCKLEY G L,BAIN N R,LUGINBUHL A M,et al,2004. Adding an "active learning" component to a large lecture course[J]. Journal of Geography,103(6):231-237.

BUXEDA R,VASQUEZ R,VELEZ J I,et al,2000. Summer station:initiating the undergraduate research experience in RS/GIS[C]//IGARSS 2000. IEEE 2000 International Geoscience and Remote Sensing Symposium. Taking the Pulse of the Planet:the Role of Remote Sensing in Managing the Environment. Honolulu:IEEE:554-555.

CANTOR A,DELAUER V,MARTIN D,et al,2015. Training interdisciplinary 'wicked problem' solvers:applying lessons from HERO in community-based research experiences for undergraduates[J]. Journal of Geography in Higher Education,39(3):407-419.

CAPRARO R M,THOMPSON B,2008. The educational researcher defined:what will future researchers be trained to do? [J]. The Journal of Educational Research,Routledge,101(4):247-253.

CARRERA C C,ASENSIO L A B,2017. Augmented reality as a digital teaching environment to develop spatial thinking[J]. Cartography and Geographic Information Science,44(3):259-270.

CASANOVAS-RUBIO M M,AHEARN A,RAMOS G,et al,2016. The research-teaching nexus:using a construction teaching event as a research tool[J]. Innovations in Education and Teaching International,53(1):104-118.

CASTLEY A J,2006. Professional development support to promote stronger teaching and research links[J]. New Directions for Teaching and Learning,107:23-31.

CEN Y H,2014. Student development in undergraduate research programs in China:from the perspective of self-authorship[J]. International Journal of Chinese Education,3(1):53-73.

CHANG H,2005. Turning an undergraduate class into a professional research community[J]. Teaching in Higher Education,10(3):387-394.

CHEN C H,YANG Y C,2019. Revisiting the effects of project-based learning on students' academic achievement:a meta-analysis investigating moderators[J]. Educational Research Review,26:71-81.

CHEN X,2002. Teaching undergraduates in U. S. Postsecondary Institutions:Fall 1998[R]. Postsecondary Education Descriptive Analysis Reports (PEDAR),NCES 2002209,Washington,DC:National Center for Education Statistics.

CLARK B R,1997. The modern integration of research activities with teaching and learning[J]. The Journal of Higher Education,68(3):241-255.

CLARK T,HORDOSY R,2019. Undergraduate experiences of the research/teaching nexus across the whole student lifecycle[J]. Teaching in Higher Education,24(3):412-427.

COATE K,BARNETT R,WILLIAMS G,2001. Relationships between teaching and research in higher education in England[J]. Higher Education Quarterly,55(2):158-174.

COLBECK C L,1998. Merging in a seamless blend:how faculty integrate teaching and research [J]. The Journal of Higher Education,69(6):647-671.

COLLINS A,BROWN J S,NEWMAN S E,1988,Cognitive apprenticeship:teaching the craft of reading,writing and mathematics[J]. Thinking:the Journal of Philosophy for Children,8(1):2-10.

CORNELIUS V,WOOD L,LAI J,2016. Implementation and evaluation of a formal academic-peer-mentoring programme in higher education[J]. Active Learning in Higher Education,17(3):193-205.

CORWIN L A,GRAHAM M J,DOLAN E L,2015a. Modeling course-based undergraduate research experiences:an agenda for future research and evaluation[J]. CBE－Life Sciences Education,14(1):es1.

CORWIN L A,RUNYON C,ROBINSON A,et al,2015b. The laboratory course assessment survey:a tool to measure three dimensions of research-course design[J]. CBE－Life Sciences Education,14(4):ar37.

CRISP G,CRUZ I,2009. Mentoring college students:a critical review of the literature between 1990 and 2007[J]. Research in Higher Education,50(6):525-545.

DEEM R,LUCAS L,2007. Research and teaching cultures in two contrasting UK policy contexts:academic life in education departments in five English and Scottish universities[J]. Higher Education,54(1):115-133.

DEL RIO M L,DIAZ-VAZQUEZ R,MASIDE SANFIZ J M,2018. Satisfaction with the supervision of undergraduate dissertations[J]. Active Learning in Higher Education,19(2):159-172.

DENGLER M,2008. Classroom active learning complemented by an online discussion forum to teach sustainability[J]. Journal of Geography in Higher Education,32(3):481-494.

DIAMOND R M,1993. Changing priorities and the faculty reward system[J]. New Directions for Higher Education,81:5-12.

DIBIASE D,DEMERS M,JOHNSON A,et al,2006. Geographic information science & technology:body of knowledge[M]. Washington,DC:Association of American Geographers and University Consortium for Geographic Information Science.

DOERING A,VELETSIANOS G,SCHARBER C,et al. 2009. Using the technological,pedagogical,and content knowledge framework to design online learning environments and professional development[J]. Journal of Educational Computing Research,41(3):319-346.

DOLAN E,JOHNSON D,2009. Toward a holistic view of undergraduate research experiences:an exploratory study of impact on graduate/postdoctoral mentors[J]. Journal of Science Education and Technology,18(6):487.

DOUGLAS D H,PEUCKER T K,1973. Algorithms for the reduction of the number of points required to represent a digitized line or its caricature[J]. Cartographica:the International Journal for Geographic Information and Geovisualization,10(2):112-122.

DRENNON C,2005. Teaching geographic information systems in a problem-based learning environment[J]. Journal of Geography in Higher Education,29(3):385-402.

DUCKHAM M,2015. GI expertise[J]. Transactions in GIS,19(4):499-515.

DUFF A, MARRIOTT N, 2017. The teaching-research gestalt: the development of a discipline-based scale[J]. Studies in Higher Education, 42(12): 2406-2420.

DURNING B, JENKINS A, 2005. Teaching/research relations in departments: the perspectives of built environment academics[J]. Studies in Higher Education, 30(4): 407-426.

EAGAN M K, SHARKNESS J, HURTADO S, et al, 2011. Engaging undergraduates in science research: not just about faculty willingness[J]. Research in Higher Education, 52(2): 151-177.

EARLEY M A, 2014. A synthesis of the literature on research methods education[J]. Teaching in Higher Education, 19(3): 242-253.

EBY L T T, ALLEN T D, HOFFMAN B J, et al, 2013. An interdisciplinary meta-analysis of the potential antecedents, correlates, and consequences of protégé perceptions of mentoring[J]. Psychological Bulletin, 139(2): 441.

EGENHOFER M J, CLARKE K C, GAO S, et al, 2016. Contributions of GIScience over the past twenty years[M]//ONSRUD H, KUHN W. Advancing geographic information science: the past and the next twenty years. Needham, MA: Global Spatial Data Infrastructure Association: 9-34.

ELLUL C, 2012. Can free (and open source) software and data be used to underpin a self-paced tutorial on spatial databases? [J]. Transactions in GIS, 16(4): 435-454.

ELSEN L M, VISSER-WIJNVEEN G J, VAN DER RIJST R M, et al, 2009. How to strengthen the connection between research and teaching in undergraduate university education[J]. Higher Education Quarterly, 63(1): 64-85.

ELTON L, 2001. Research and teaching: conditions for a positive link[J]. Teaching in Higher Education, 6(1): 43-56.

ETHERINGTON T R, 2016. Teaching introductory GIS programming to geographers using an open source Python approach[J]. Journal of Geography in Higher Education, 40(1): 117-130.

FALCONER J, HOLCOMB D, 2008. Understanding undergraduate research experiences from the student perspective: a phenomenological study of a summer student research program[J]. College Student Journal, 42(3): 869-878.

FANGHANEL J, PRITCHARD J, POTTER J, et al, 2016. Defining and supporting the Scholarship of Teaching and Learning (SoTL): a sector-wide study[R]. York, UK: Higher Education Academy.

FARCAS D, BERNARDES S F, MATOS M, 2017. The research-teaching nexus from the Portuguese academics' perspective: a qualitative case study in a school of social sciences and humanities[J]. Higher Education, 74(2): 239-258.

FELDMAN K A, 1987. Research productivity and scholarly accomplishment of college teachers as related to their instructional effectiveness: a review and exploration[J]. Research in Higher Education, 26(3): 227-298.

FELDON D F, PEUGH J, TIMMERMAN B E, et al, 2011. Graduate students' teaching experiences improve their methodological research skills[J]. Science, 333(6045): 1037-1039.

FENG X X,2008. On American and Chinese higher education[J]. Asian Social Science,4(6):60-64.

FINKELSTEIN L M,ALLEN T D,RHOTON L A,2003. An examination of the role of age in mentoring relationships[J]. Group & Organization Management,28(2):249-281.

FINLEY A P,MCNAIR T,2013. Assessing underserved students' engagement in high-impact practices[M]. Washington,DC:Association of American Colleges and Universities.

FITZSIMMONS S J,1990. A preliminary evaluation of the research experiences for undergraduates (REU) program of the National Science Foundation[R]. [S. l. :s. n.].

FLODING M, SWIER G, 2011. Legitimate peripheral participation: entering a community of practice[J]. Reflective Practice:Formation and Supervision in Ministry,31:193-203.

FOX M F,1992. Research,teaching,and publication productivity:mutuality versus competition in academia[J]. Sociology of Education,65(4):293-305.

FRAZIER A E,WIKLE T,KEDRON P,2018. Exploring the anatomy of Geographic Information Systems and Technology (GIS&T) textbooks[J]. Transactions in GIS,22(1):165-182.

FULLER I C,FRANCE D,2016. Does digital video enhance student learning in field-based experiments and develop graduate attributes beyond the classroom? [J]. Journal of Geography in Higher Education,40(2),193-206.

FULLER I C,MELLOR A,ENTWISTLE J A,2014. Combining research-based student fieldwork with staff research to reinforce teaching and learning[J]. Journal of Geography in Higher Education,38(3):383-400.

FURTAK E M,SEIDEL T,IVERSON H,et al,2012,Experimental and quasi-experimental studies of inquiry-based science teaching:a meta-analysis[J]. Review of Educational Research,82(3):300-329.

GAFNEY L,2005. The role of the research mentor/teacher[J]. Journal of College Science Teaching,34(4):52.

GENTILE J M,2000. Then and now:a brief view of Hope College today[M]//Academic Excellence:the Role of Research in the Physical Sciences at Undergraduate Institutions. Tucson,AZ:Research Corporation,79-85.

GERSHENFELD S,2014. A review of undergraduate mentoring programs[J]. Review of Educational Research,84(3):365-391.

GESCHWIND L,BROSTROM A,2015. Managing the teaching-research nexus:ideals and practice in research-oriented universities[J]. Higher Education Research & Development,34(1):60-73.

GIBBS P,CARTNEY P,WILKINSON K,et al,2017. Literature review on the use of action research in higher education[J]. Educational Action Research,25(1):3-22.

GILMORE J,VIEYRA M,TIMMERMAN B,et al,2015. The relationship between undergraduate research participation and subsequent research performance of early career STEM graduate students[J]. The Journal of Higher Education,86(6):834-863.

GLAZER E M,HANNAFIN M J,2006. The collaborative apprenticeship model:situated professional development within school settings[J]. Teaching and Teacher Education, 22(2): 179-193.

GONZALEZ C,2001. Undergraduate research,graduate mentoring,and the university's mission [J]. Science,293(5535):1624-1626.

GOODCHILD M F,2004. GIScience,geography,form,and process[J]. Annals of the Association of American Geographers,94(4):709-714.

GOODCHILD M F,2010. Twenty years of progress:GIScience in 2010[J]. Journal of spatial information science,2010(1):3-20.

GOODWIN A,CHITTLE L,DIXON J C,et al,2018. Taking stock and effecting change:curriculum evaluation through a review of course syllabi[J]. Assessment & Evaluation in Higher Education,43(6):855-866.

GREENE C A,GWYTHER D E,BLANKENSHIP D D. 2017,Antarctic mapping tools for Matlab[J]. Computers & Geosciences,104:151-157.

GRIFFITHS R,2004. Knowledge production and the research-teaching nexus:the case of the built environment disciplines[J]. Studies in Higher Education,29(6):709-726.

GUO L. 2016. Changing the idea of strict entrance and easy graduation in higher education management[EB/OL]. [2020-06-20]. Guangming Daily. http://epaper. gmw. cn/gmrb/html/2016-09/01/nw. D110000gmrb_20160901_2-02. htm.

GURUNG R A R,SCHWARTZ B M,2010. Riding the third wave of SoTL[J]. International Journal for the Scholarship of Teaching & Learning,4(2):5.

HAHMANN S,BURGHARDT D,2013. How much information is geospatially referenced? Networks and cognition[J]. International Journal of Geographical Information Science,27(6): 1171-1189.

HAKLAY M,2012. Geographic information science:tribe,badge and sub-discipline[J]. Transactions of the Institute of British Geographers,37(4):477-481.

HALL E E,WALKINGTON H,SHANAHAN J O,et al,2018. Mentor perspectives on the place of undergraduate research mentoring in academic identity and career development:an analysis of award winning mentors[J]. International Journal for Academic Development,23(1):15-27.

HALLINGER P,KOVACEVIC J,2019. A bibliometric review of research on educational administration:science mapping the literature,1960 to 2018[J]. Review of Educational Research,89(3):335-369.

HALSE C,DEANE E M,HOBSON J,et al,2007. The research-teaching nexus:what do national teaching awards tell us? [J]. Studies in Higher Education,32(6):727-746.

HAMERLINCK J D,2015. Whither goes the "maps" course? Maintaining map-use concepts, skills,and appreciation in GIS &T curricula[J]. Cartography and Geographic Information Science,42(S1):11-17.

HAMMOND T C, BODZIN A, ANASTASIO D, et al, 2018. "You know you can do this, right?": Developing geospatial technological pedagogical content knowledge and enhancing teachers' cartographic practices with socio-environmental science investigations[J]. Cartography and Geographic Information Science, 45(4): 305-318.

HANDELSMAN J, EBERT-MAY D, BEICHNER R, et al, 2004. Scientific teaching[J]. Science, 304(5670): 521.

HANSON S, MOSER S, 2003. Reflections on a discipline-wide project: developing active learning modules on the human dimensions of global change[J]. Journal of Geography in Higher Education, 27(1): 17-38.

HARDMAN J, 2016. Tutor-student interaction in seminar teaching: implications for professional development[J]. Active Learning in Higher Education, 17(1): 63-76.

HARLAND T, 2012. Higher education as an open-access discipline[J]. Higher Education Research & Development, 31(5): 703-710.

HARLAND T, 2016. Teaching to enhance research[J]. Higher Education Research & Development, 35(3): 461-472.

HARRIS T, TWEED F, 2010. A research-led, inquiry-based learning experiment: classic landforms of deglaciation, Glen Etive, Scottish Highlands[J]. Journal of Geography in Higher Education, 34(4): 511-528.

HARVEY F, KOTTING J, 2011. Teaching mapping for digital natives: new pedagogical ideas for undergraduate cartography education[J]. Cartography and Geographic Information Science, 38(3): 269-277.

HATHAWAY R S, NAGDA B A, GREGERMAN S R, 2002. The relationship of undergraduate research participation to graduate and professional education pursuit: an empirical study[J]. Journal of College Student Development, 43(5): 614-631.

HATTIE J, MARSH H W, 1996. The relationship between research and teaching: a meta-analysis[J]. Review of Educational Research, 66(4): 507-542.

HEALEY M, 1998. Developing and disseminating good educational practices: lessons from geography in higher education[C]//Proceedings of the Second International Conference on Supporting Educational, Faculty and TA Development within Departments and Disciplines. The International Consortium for Educational Development in Higher Education, Austin, TX: Geography Discipline Network: 19-22.

HEALEY M, 2000. Developing the scholarship of teaching in higher education: a discipline-based approach[J]. Higher Education Research & Development, 19(2): 169-189.

HEALEY M, 2005a. Linking research and teaching: exploring disciplinary spaces and the role of inquiry-based learning[M]//BARNETT R. Reshaping the University: new Relationships between Research, Scholarship and Teaching. Maidenhead: McGraw-Hill/Open University Press, 67-78.

HEALEY M, 2005b. Linking research and teaching to benefit student learning[J]. Journal of Geography in Higher Education, 29(2): 183-201.

HEALEY M, JENKINS A, 2006. Strengthening the teaching-research linkage in undergraduate courses and programs[J]. New Directions for Teaching and Learning,107:45-55.

HEALEY M,JENKINS A,2009. Developing undergraduate research and inquiry[M]. York: Higher Education Academy.

HEALEY M,JENKINS A,LEA J,2014. Developing research-based curricula in college-based higher education[M]. York:Higher Education Academy.

HEALEY M,JENKINS A,2018. The role of academic developers in embedding high-impact undergraduate research and inquiry in mainstream higher education:twenty years' reflection[J]. International Journal for Academic Development,23(1):52-64.

HERON R L,BAKER R,MCEWEN L. 2006,Co-learning:re-linking research and teaching in geography[J]. Journal of Geography in Higher Education,30(1):77-87.

HILL J,WALKINGTON H,2016. Developing graduate attributes through participation in undergraduate research conferences[J]. Journal of Geography in Higher Education,40(2):222-237.

HILL J,WALKINGTON H,KING H,2018. Geographers and the scholarship of teaching and learning[J]. Journal of Geography in Higher Education,42(4):557-572.

HORTA H,DAUTEL V,VELOSO F M,2012. An output perspective on the teaching-research nexus:an analysis focusing on the United States higher education system[J]. Studies in Higher Education,37(2):171-187.

HOUSER C,LEMMONS K,CAHILL A. 2013,Role of the faculty mentor in an undergraduate research experience[J]. Journal of Geoscience Education,61(3):297-305.

HOWARTH J T,2015. A framework for teaching the timeless way of mapmaking[J]. Cartography and Geographic Information Science,42(S1):6-10.

HOWITT S,WILSON A,WILSON K,et al,2010. 'Please remember we are not all brilliant': undergraduates' experiences of an elite,research-intensive degree at a research-intensive university[J]. Higher Education Research & Development,29(4):405-420.

HU Y J,VAN DER RIJST R,VAN VEEN K,et al,2015. The role of research in teaching:a comparison of teachers from research universities and those from universities of applied sciences[J]. Higher Education Policy,28(4):535-554.

HUANG Y T,2018. Revisiting the research-teaching nexus in a managerial context:exploring the complexity of multi-layered factors[J]. Higher Education Research & Development,37(4):758-772.

HUBBALL H,CLARKE A,2010. Diverse methodological approaches and considerations for SoTL in higher education[J]. Canadian Journal for the Scholarship of Teaching and Learning,1(1):2.

HUBBALL H,PEARSON M L,CLARKE A,2013. SoTL inquiry in broader curricular and institutional contexts:theoretical underpinnings and emerging trends[J]. Teaching and Learning Inquiry,1(1):41-57.

HUNTER A B,LAURSEN S L,SEYMOUR E,2007. Becoming a scientist:the role of undergraduate research in students' cognitive,personal,and professional development[J]. Science

Education,91(1):36-74.

HUNTER A B,LAURSEN S L,SEYMOUR E,et al,2010. Summer scientists:establishing the value of shared research for science faculty and their students[M]. San Francisco:Jossey-Bass.

HUTCHINSON S R, LOVELL C D. 2004. A review of methodological characteristics of research published in key journals in higher education: implications for graduate research training[J]. Research in Higher Education,45(4):383-403.

HUTCHINGS P,HUBER M T,CICCONE A,2011. The scholarship of teaching and learning reconsidered:institutional integration and impact[M]. San Francisco:Jossey-Bass.

ISHIYAMA J,2002. Does early participation in undergraduate research benefit social science and humanities students? [J]. College Student Journal,36(3):381-387.

JACOBI M,1991. Mentoring and undergraduate academic success:a literature review[J]. Review of Educational Research,61(4):505-532.

JENKINS A, 2000. The relationship between Teaching and Research: where does geography stand and deliver? [J]. Journal of Geography in Higher Education,24(3):325-351.

JENKINS A,BLACKMAN T,LINDSAY R,et al,1998. Teaching and research:student perspectives and policy implications[J]. Studies in Higher Education,23(2):127-141.

JENKINS A,BREEN R,2003. Re-shaping teaching in higher education:linking teaching with research[M]. London:Routledge.

JENKINS A,ZETTER R,HEALEY M J,2007. Linking teaching and research in disciplines and departments[M]. York:Higher Educational Academy.

JIANG B,HARRIE L,2004. Selection of streets from a network using self-organizing maps[J]. Transactions in GIS,8(3):335-350.

JIANG B,ZHAO S J, YIN J J,2008. Self-organized natural roads for predicting traffic flow:a sensitivity study[J]. Journal of Statistical Mechanics: Theory and Experiment, 2008(7): P07008.

JIANG F, ROBERTS P J, 2011. An investigation of the impact of research-led education on student learning and understandings of research[J]. Journal of University Teaching and Learning Practice,8(2):4.

JOHN J,CREIGHTON J,2011. Researcher development:the impact of undergraduate research opportunity programmes on students in the UK[J]. Studies in Higher Education,36(7):781-797.

JOHNSON R B,CHRISTENSEN L,2012. Educational Research: Quantitative,Qualitative,and Mixed Approaches[M]. Thousand Oaks,CA:Sage.

JOHNSON W B,2007. Student-Faculty Mentorship Outcomes[M]//The Blackwell Handbook of Mentoring. Malden,MA:Wiley:189-210.

JOHNSON W B,ROSE G,SCHLOSSER L Z,2007. Student-faculty Mentoring:Theoretical and Methodological Issues[M]//The Blackwell handbook of mentoring: A multiple perspectives approach. Malden,MA:Wiley:49-69.

JONES C B,BUNDY G L,WARE M J,1995. Map generalization with a triangulated data structure[J]. Cartography and Geographic Information Systems,22(4):317-331.

KARDASH C A M,2000. Evaluation of undergraduate research experience:perceptions of undergraduate interns and their faculty mentors[J]. Journal of Educational Psychology,92(1):191.

KENNEDY P,2002. Learning cultures and learning styles: myth-understandings about adult (Hong Kong) Chinese learners[J]. International Journal of Lifelong Education,21(5):430-445.

KILGO C A,PASCARELLA E T,2016. Does independent research with a faculty member enhance four-year graduation and graduate/professional degree plans? Convergent results with different analytical methods[J]. Higher Education,71(4):575-592.

KIM S Y,WANG Y Y,OROZCO-LAPRAY D,et al,2013. Does "tiger parenting" exist? Parenting profiles of Chinese Americans and adolescent developmental outcomes[J]. Asian American Journal of Psychology,4(1):7-18.

KINKEAD J,BLOCKUS L,2012. Undergraduate Research Offices & Programs: Models and Practices[M]. Washington,DC:Council on Undergraduate Research.

KOBBEN B,DE BY R,FOERSTER T,et al,2010. Using the SDI(light) approach in teaching a geoinformatics master[J]. Transactions in GIS,14:25-37.

KRAM K E,ISABELLA L A,1985. Mentoring alternatives:the role of peer relationships in career development[J]. Academy of Management Journal,28(1):110-132.

KREBER C,2002. Controversy and consensus on the scholarship of teaching[J]. Studies in Higher Education,27(2):151-167.

KREBER C,CRANTON P A,2000. Exploring the scholarship of teaching[J]. Journal of Higher Education:476-495.

KUH G. 2008. High-Impact Educational Practices:What They Are,Who Has Access to Them, and Why They Matter[M]. Washington,DC:Association of American Colleges and Universities.

KUMLER M,1994. An intensive comparison of triangulated irregular networks (TINs) and digital elevation models (DEMs)[J]. Cartographica,31(2):1.

LAI M,DU P,LI L,2014. Struggling to handle teaching and research:a study on academic work at select universities in the Chinese Mainland[J]. Teaching in Higher Education,19(8):966-979.

LAPOULE P,LYNCH R,2018. The case study method:exploring the link between teaching and research[J]. Journal of Higher Education Policy and Management,40(5):485-500.

LARSON S,PARTRIDGE L,WALKINGTON H,et al,2018. An international conversation about mentored undergraduate research and inquiry and academic development[J]. International Journal for Academic Development,23(1):6-14.

LAURSEN S,HUNTER A B,SEYMOUR E,et al,2010. Undergraduate research in the sciences:engaging students in real science[M]. New York:John Wiley & Sons.

LAVE J,WENGER E,1991. Situated learning: legitimate peripheral participation[M]. Cambridge:

Cambridge University Press.

LEISYTE L, ENDERS J, DE BOER H, 2009. The balance between teaching and research in Dutch and English universities in the context of university governance reforms[J]. Higher Education, 58(5): 619-635.

LESHNER A I, 2018. Student-centered, modernized graduate STEM education[J]. Science, 360 (6392): 969-970.

LEVY P, PETRULIS R, 2012. How do first-year university students experience inquiry and research, and what are the implications for the practice of inquiry-based learning? [J]. Studies in Higher Education, 37(1): 85-101.

LEWIN K, LIPPITT R, WHITE R K, 1939. Patterns of aggressive behavior in experimentally created "social climates"[J]. The Journal of Social Psychology, 10(2): 269-299.

LI J W, ANTONENKO P D, WANG J H, 2019. Trends and issues in multimedia learning research in 1996—2016: a bibliometric analysis[J]. Educational Research Review: 100282.

LI Z, 2006. Algorithmic foundation of multi-scale spatial representation[M]. Boca Raton: CRC Press.

LI Z L, SU B. 1995, Algebraic models for feature displacement in the generalization of digital map data using morphological techniques[J]. Cartographica, 32(3): 39-56.

LINN M C, PALMER E, BARANGER A, et al, 2015. Undergraduate research experiences: impacts and opportunities[J]. Science, 347(6222): 1261757.

LIU S B, LIU M M, JIANG H A, et al, 2019. International comparisons of themes in higher education research[J]. Higher Education Research & Development, 38(7): 1445-1460.

LIU X J, LESAGE J, 2010. Arc_Mat: a Matlab-based spatial data analysis toolbox[J]. Journal of Geographical Systems, 12(1): 69-87.

LIVINGSTONE D, LYNCH K, 2002. Group project work and student-centred active learning: two different experiences[J]. Journal of Geography in Higher Education, 26(2): 217-237.

LOPATTO D, 2003. The essential features of undergraduate research[J]. Council on Undergraduate Research Quarterly, 24: 139-142.

LOPATTO D, 2004. Survey of undergraduate research experiences (SURE): first findings[J]. Cell Biology Education, 3(4): 270-277.

LOPATTO D, 2007. Undergraduate research experiences support science career decisions and active learning[J]. CBE – Life Sciences Education, 6(4): 297-306.

LOPATTO D, 2009. Science in solution: the impact of undergraduate research on student learning[M]. Tucson, AZ: Research Corporation for Science Advancement.

LUNA G, CULLEN D L, 1995. Empowering the faculty: mentoring redirected and renewed[R]. ASHE-ERIC Higher Education Report, No. 3. Washington, DC: ERIC Clearinghouse on Higher Education.

MABROUK P A, PETERS K, 2000. Student perspectives on undergraduate research (UR) experiences in chemistry and biology[J]. CUR Quarterly, 21(1): 25-33.

MAGI E,BEERKENS M,2016. Linking research and teaching:are research-active staff members different teachers? [J]. Higher Education,72(2):241-258.

MALACHOWSKI M R,2003. A research-across-the-curriculum movement[J]. New Directions for Teaching and Learning,93:55-68.

MARK D M,SMITH B,EGENHOFER M,et al,2004. Ontological foundations for geographic information science[M]//A research agenda for geographic information science. Boca Raton, FL:CRC Press,335-350.

MARSH H W,HATTIE J,2002. The relation between research productivity and teaching effectiveness:complementary,antagonistic,or independent constructs? [J]. Journal of Higher Education,73(5):603-641.

MATHEWS A J,WIKLE T A,2019. GIS &T pedagogies and instructional challenges in higher education:a survey of educators[J]. Transactions in GIS,23(5):892-907.

MAURER T,2011. Reviewer essay: on publishing SoTL articles[J]. International Journal for the Scholarship of Teaching and Learning,5(1):32.

MERKEL C A,2003. Undergraduate research at the research universities[J]. New Directions for Teaching and Learning (93),39-53.

MITCHELL J T,ROY G,FRITCH S,et al,2018. GIS professional development for teachers: lessons learned from high-needs schools[J]. Cartography and Geographic Information Science,45(4):292-304.

MOELLERING H,2012. The International Cartographic Association Research Agenda:review, perspectives,comments and recommendations[J]. Cartography and Geographic Information Science,39(1):61-68.

MOLER C B,2011. Experiments with MATLAB[M]. Natick,MA:MathWorks.

MOORE A,DANIEL B,LEONARD G,et al,2020. Comparative usability of an augmented reality sandtable and 3D GIS for education[J]. International Journal of Geographical Information Science,34(2):229-250.

MOORE S E,HVENEGAARD G T,WESSELIUS J C,2018. The efficacy of directed studies courses as a form of undergraduate research experience: a comparison of instructor and student perspectives on course dynamics[J]. Higher Education,76(5):771-788.

MOUNTRAKIS G,TRIANTAKONSTANTIS D,2012. Inquiry-based learning in remote sensing:a space balloon educational experiment[J]. Journal of Geography in Higher Education,36(3):385-401.

MURAYAMA Y,2000. Geography with GIS[J]. GeoJournal,52(3):165-171.

MWANGI C A G,LATAFAT S,HAMMOND S,et al,2018. Criticality in international higher education research:a critical discourse analysis of higher education journals[J]. Higher Education,76(6):1091-1107.

NAUDE L,BEZUIDENHOUT H,2015. Moving on the continuum between teaching and learning:communities of practice in a student support programme[J]. Teaching in Higher Education,20(2):221-230.

NEUMANN R,1992. Perceptions of the teaching-research nexus:a framework for analysis[J]. Higher Education,23(2):159-171.

NEWMAN M E J,2002. Assortative mixing in networks[J]. Physical Review Letters,89(20):208701-208704.

NEWNHAM R M,1997. Lecture reviews by students in groups[J]. Journal of Geography in Higher Education,21(1):57-64.

NORA A,CRISP G,2007. Mentoring students:conceptualizing and validating the multi-dimensions of a support system[J]. Journal of College Student Retention:Research,Theory & Practice,9(3):337-356.

NOSER T C,MANAKYAN H,TANNER J R,1996. Research productivity and perceived teaching effectiveness:a survey of economics faculty[J]. Research in Higher Education,37(3):199-221.

OKABE A,OKUNUKI K,SHIODE S,2006. SANET:a toolbox for spatial analysis on a network [J]. Geographical Analysis,38(1):57-66.

OKABE A,SATOH T,FURUT A T,et al,2008. Generalized network Voronoi diagrams:concepts,computational methods,and applications[J]. International Journal of Geographical Information Science,22(9):965-994.

OLIVARES-DONOSO R,GONZALEZ C,2018. Biology and medicine students' experiences of the relationship between teaching and research[J]. Higher Education,76(5):849-864.

OOMS K,DE MAEYER P,DE WIT B,et al,2015. Design and use of web lectures to enhance GIS teaching and learning strategies:The students' opinions[J]. Cartography and Geographic Information Science,42(3):271-282.

OOMS K,DE MAEYER P,DUPONT L,et al,2016. Education in cartography:What is the status of young people's map-reading skills? [J] Cartography and Geographic Information Science,43(2):134-153.

PAN D,2009. What scholarship of teaching? Why bother? [J]. International Journal for the Scholarship of Teaching and Learning,3(1):2.

PAN W,COTTON D,MURRAY P. 2014,Linking research and teaching:context,conflict and complementarity[J]. Innovations in Education and Teaching International,51(1):3-14.

PAWSON E,FOURNIER E,HAIGH M,et al,2006. Problem-based learning in geography:towards a critical assessment of its purposes,benefits and risks[J]. Journal of Geography in Higher Education,30(1):103-116.

PEDASTE M,MAEOTS M,SIIMAN L A,et al,2015. Phases of inquiry-based learning:definitions and the inquiry cycle[J]. Educational Research Review,14:47-61.

PFUND C,PRIBBENOW C M,BRANCHAW J,et al,2006. The merits of training mentors[J]. Science,311(5760):473-474.

POLSKY C,ROGAN J,PONTIUS R G,et al,2007. Undergraduate GIScience research at Clark

University: the HERO program[J]. Council on Undergraduate Research Quarterly, 27: 124-130.

PRATT D D, 1998. Five Perspectives on Teaching in Adult and Higher Education[M]. Malabar, FL: Krieger.

PRINCE M J, FELDER R M, BRENT R, 2007. Does faculty research improve undergraduate teaching? An analysis of existing and potential synergies[J]. Journal of Engineering Education, 96(4): 283-294.

QUACQUARELLI SYMONDS LIMITED, 2019. Citations per Paper[EB/OL]. [2019-05-17]. https://support.qs.com/hc/en-gb/articles/4411823915026-Citations-per-Paper.

RAMSDEN P, MOSES I, 1992. Associations between research and teaching in Australian higher education[J]. Higher Education, 23(3): 273-295.

READ J M, 2010. Teaching introductory geographic information systems through problem-based learning and public scholarship[J]. Journal of Geography in Higher Education, 34(3): 379-399.

RHODES J E, 2002. A critical view of youth mentoring[M]. San Francisco: Jossey-Bass: 131.

RHODES J E, 2005. A model of youth mentoring[M]//Handbook of Youth Mentoring. Thousand Oaks, California: Sage: 30-43.

RICKER K M, 2006. GIS mentoring[J]. Library Trends, 55(2): 349-360.

ROBERTS A, 2000. Mentoring revisited: a phenomenological reading of the literature[J]. Mentoring and Tutoring, 8(2): 145-170.

ROBERTSON J, 2007. Beyond the 'research/teaching nexus': exploring the complexity of academic experience[J]. Studies in Higher Education, 32(5): 541-556.

ROBERTSON J, BOND C H, 2001. Experiences of the relation between teaching and research: what do academics value? [J]. Higher Education Research & Development, 20(1): 5-19.

ROBERTSON J, BOND C, 2005. The research/teaching relation: a view from the edge[J]. Higher Education, 50(3): 509-535.

ROBERTSON J, BLACKLER G, 2006. Students' experiences of learning in a research environment[J]. Higher Education Research & Development, 25(3): 215-229.

ROBINSON A C, 2011. GIScience at Penn State[J]. Cartography and Geographic Information Science, 38(3): 332-334.

ROWLAND S, LAWIRE G, WANG J, et al, 2015. ALURE: the apprenticeship-style large-scale undergraduate research experience project[C]//HERDSA 2015 Learning for Life and Work in a Complex World. Melbourne: Higher Education Research and Development Society of Australasia: 5.

RUSSELL J E A, ADAMS D M, 1997. The changing nature of mentoring in organizations: an introduction to the special issue on mentoring in organizations[J]. Journal of Vocational Behavior, 51(1): 1-14.

RUSSELL S H, HANCOCK M P, MCCULLOUGH J, 2007. Benefits of undergraduate research experiences[J]. Science, 316(5824): 548-549.

SADLER T D, BURGIN S, MCKINNEY L, et al, 2010. Learning science through research apprenticeships: a critical review of the literature[J]. Journal of Research in Science Teaching, 47(3): 235-256.

SCHEYVENS R, GRIFFIN A L, JOCOY C L, et al, 2008. Experimenting with active learning in geography: dispelling the myths that perpetuate resistance[J]. Journal of Geography in Higher Education, 32(1): 51-69.

SCHWANGHART W, KUHN N J, 2010. TopoToolbox: a set of Matlab functions for topographic analysis[J]. Environmental Modelling & Software, 25(6): 770-781.

SCOTT P, 2005. Divergence or Convergence? The Links between Teaching and Research in Mass Higher Education[M]// BARNETT R. Reshaping the University: New Relationships between Research, Scholarship and Teaching. Maidenhead: McGraw-Hill/Open University Press: 53-66.

SEYMOUR E, HUNTER A B, LAURSEN S L, et al, 2004. Establishing the benefits of research experiences for undergraduates in the sciences: first findings from a three-year study[J]. Science Education, 88(4): 493-534.

SHANAHAN J O, ACKLEY-HOLBROOK E, HALL E, et al, 2015. Ten salient practices of undergraduate research mentors: a review of the literature[J]. Mentoring & Tutoring: Partnership in Learning, 23(5): 359-376.

SHELLITO C, SHEA K, WEISSMANN G, et al, 2001. Successful mentoring of undergraduate researchers[J]. Journal of College Science Teaching, 30(7): 460.

SHIN J C, 2011. Teaching and research nexuses across faculty career stage, ability and affiliated discipline in a South Korean research university[J]. Studies in Higher Education, 36(4): 485-503.

SHORE C, 2005. Toward recognizing high-quality faculty mentoring of undergraduate scholars[J]. Journal on Excellence in College Teaching, 16(2): 111-136.

SHULMAN L S, 1993. Teaching as community property: putting an end to pedagogical solitude[J]. Change: The Magazine of Higher Learning, 25(6): 6-7.

SHULMAN L, 2000. From Minsk to Pinsk: why a scholarship of teaching and learning? [J]. Journal of the Scholarship of Teaching and Learning: 48-53.

SMEBY J C, 1998. Knowledge production and knowledge transmission. The interaction between research and teaching at universities[J]. Teaching in Higher Education, 3(1): 5-20.

SMITH E, SMITH A, 2012. Buying-out teaching for research: the views of academics and their managers[J]. Higher Education, 63(4): 455-472.

SPEAKE J, 2015. Navigating our way through the research-teaching nexus[J]. Journal of Geography in Higher Education, 39(1): 131-142.

SPRONKEN-SMITH R, BULLARD J O, RAY W, et al, 2008a. Where might sand dunes be on Mars? Engaging students through inquiry-based learning in geography[J]. Journal of Geography in Higher Education, 32(1): 71-86.

SPRONKEN-SMITH R, WALKER J B, O'STEEN B, et al. 2008b. Inquiry-based learning[EB/

OL]. [2020-06-20]. https://ako. ac. nz/knowledge-centre/inquiry-based-learning-report/inquiry-based-learning-report/.

SPRONKEN-SMITH R, HARLAND T, 2009a. Learning to teach with problem-based learning [J]. Active Learning in Higher Education, 10(2): 138-153.

SPRONKEN-SMITH R, KINGHAM S, 2009b. Strengthening teaching and research links: the case of a pollution exposure inquiry project[J]. Journal of Geography in Higher Education, 33 (2): 241-253.

SPRONKEN-SMITH R, WALKER R, 2010. Can inquiry-based learning strengthen the links between teaching and disciplinary research? [J]. Studies in Higher Education, 35(6): 723-740.

SPRONKEN-SMITH R, MIROSA R, DARROU M, 2014. 'Learning is an endless journey for anyone': undergraduate awareness, experiences and perceptions of the research culture in a research-intensive university[J]. Higher Education Research & Development, 33(2): 355-371.

STOTER J, POST M, VAN ALTENA V, et al, 2014. Fully automated generalization of a 1:50k map from 1:10k data[J]. Cartography and Geographic Information Science, 41(1): 1-13.

SU B, LI Z, LODWICK G, et al. 1997, Algebraic models for the aggregation of area features based upon morphological operators[J]. International Journal of Geographical Information Science, 11(3): 233-246.

SU B, LI Z, LODWICK G, 1998. Morphological models for the collapse of area features in digital map generalization[J]. GeoInformatica, 2(4): 359-382.

SUCCI C, CANOVI M, 2020. Soft skills to enhance graduate employability: comparing students and employers' perceptions[J]. Studies in Higher Education, 45(9): 1834-1847.

SUNG Y T, LEE H Y, YANG J M, et al, 2019. The quality of experimental designs in mobile learning research: a systemic review and self-improvement tool[J]. Educational Research Review.

TALIUN S A G, 2019. Teaching at the university level is not a hassle[J]. Nature, 574(7777): 285.

TANG Y, HEW K F, 2017. Is mobile instant messaging (MIM) useful in education? Examining its technological, pedagogical, and social affordances[J]. Educational Research Review, 21: 85-104.

TATE N J, JARVIS C H, 2017. Changing the face of GIS education with communities of practice [J]. Journal of Geography in Higher Education, 41(3): 327-340.

TAYLOR J, 2007. The teaching: research nexus: a model for institutional management[J]. Higher Education, 54(6): 867-884.

THOMSON R C, RICHARDSON D E, 1999. The 'good continuation' principle of perceptual organization applied to the generalization of road networks[C]// Proceedings of the ICA 19th International Cartographic Conference. Ottawa: International Cartographic Association: 1215-1223.

TIAN J, 2017. Mentoring undergraduates in cartography and geographic information science: an apprenticeship model[J]. Transactions in GIS, 21(6): 1148-1164.

TIGHT M, 2013. Discipline and methodology in higher education research[J]. Higher Education Research & Development, 32(1): 136-151.

TIGHT M, 2014. Discipline and theory in higher education research[J]. Research Papers in Education,29(1):93-110.

TIGHT M,2015. Theory application in higher education research: the case of communities of practice[J]. European Journal of Higher Education,5(2):111-126.

TIGHT M,2016. Examining the research/teaching nexus[J]. European Journal of Higher Education,6(4):293-311.

TIGHT M,2018a. Higher education journals: their characteristics and contribution[J]. Higher Education Research & Development,37(3):607-619.

TIGHT M,2018b. Higher Education Research: the Developing Field[M]. London: Bloomsbury Publishing.

TIMMERMAN B E C,STRICKLAND D C,JOHNSON R L,et al,2011. Development of a 'universal' rubric for assessing undergraduates' scientific reasoning skills using scientific writing [J]. Assessment & Evaluation in Higher Education,36(5):509-547.

TRIGWELL K,MARTIN E,BENJAMIN J,et al,2000. Scholarship of teaching: a model[J]. Higher Education Research & Development,19(2):155-168.

TURNER N, WUETHERICK B, HEALEY M, 2008. International perspectives on student awareness,experiences and perceptions of research: implications for academic developers in implementing research-based teaching and learning[J]. International Journal for Academic Development,13(3):199-211.

VAHED A,CRUICKSHANK G,2018. Integrating academic support to develop undergraduate research in Dental Technology: a case study in a South African University of Technology[J]. Innovations in Education and Teaching International,55(5):566-574.

VALIENTE C,2008. Are students using the 'wrong' style of learning? A multicultural scrutiny for helping teachers to appreciate differences[J]. Active Learning in Higher Education,9(1):73-91.

VALTER K,AKERLIND G,2010. Introducing students to ways of thinking and acting like a researcher: a case study of research-led education in the sciences[J]. International Journal of Teaching and Learning in Higher Education,22(1):89-97.

VISSER-WIJNVEEN G J,VAN DRIEL l J H,VAN DER RIJST R M,et al,2010. The ideal research-teaching nexus in the eyes of academics: building profiles[J]. Higher Education Research & Development,29(2):195-210.

VISSER-WIJNVEEN G J,VAN DRIEL J H,VAN DER RIJST R M,et al,2012. Relating academics' ways of integrating research and teaching to their students' perceptions[J]. Studies in Higher Education,37(2):219-234.

VISSER-WIJNVEEN G J,VAN DER RIJST R M,VAN DRIEL J H,2016. A questionnaire to capture students' perceptions of research integration in their courses[J]. Higher Education, 71(4):473-488.

WALKINGTON H,GRIFFIN A L,KEYS-MATHEWS L,et al,2011. Embedding research-based learning early in the undergraduate geography curriculum[J]. Journal of Geography in Higher Education,35(3):315-330.

WALKINGTON H, HILL J, KNEALE P E, 2017. Reciprocal elucidation: a student-led pedagogy in multidisciplinary undergraduate research conferences[J]. Higher Education Research & Development, 36(2): 416-429.

WALKINGTON H, STEWART K A, HALL E E, et al, 2019. Salient practices of award-winning undergraduate research mentors-balancing freedom and control to achieve excellence[J]. Studies in Higher Education, 45(7): 1519-1532.

WALLENTIN G, HOFER B, TRAUN C, 2015. Assessment of workforce demands to shape GIS &T education[J]. Transactions in GIS, 19(3): 439-454.

WANG G, WANG H, 2008. Strategy and practice of undergraduate research competence building in research universities in China[J]. Tsinghua Journal of Education, 29(3): 44-48.

WANG Y H, TIAN J, YU M T, et al, 2017. GEN_MAT: a MATLAB-based map generalization algorithm toolbox[J]. Transactions in GIS, 21(6): 1391-1411.

WARE J M, JONES C B, THOMAS N, 2003. Automated map generalization with multiple operators: a simulated annealing approach[J]. International Journal of Geographical Information Science, 17(8): 743-769.

WEBBER K L, LAIRD T F N, BRCKALORENZ A M, 2013. Student and faculty member engagement in undergraduate research[J]. Research in Higher Education, 54(2): 227-249.

WEIGEL E G, 2015. Modern graduate student mentors: evidence-based best practices and special considerations for mentoring undergraduates in ecology and evolution[J]. Ideas in Ecology and Evolution, 8: 14-25.

WELLS R S, KOLEK E A, WILLIAMS E A, et al, 2015. "How we know what we know": a systematic comparison of research methods employed in higher education journals, 1996—2000 v. 2006—2010[J]. The Journal of Higher Education, 86(2): 171-198.

WENGER E, 1998. Communities of Practice: Learning, Meaning and Identity[M]. Cambridge: Cambridge University Press.

WIKLE T A, 2018. A rationale for accrediting GIScience programs[J]. Cartography and Geographic Information Science, 45(4): 354-361.

WIKLE T A, FAGIN T D, 2014. GIS course planning: a comparison of syllabi at US college and universities[J]. Transactions in GIS, 18(4): 574-585.

WIKLE T A, FAGIN T D, 2015. Hard and soft skills in preparing GIS professionals: comparing perceptions of employers and educators[J]. Transactions in GIS, 19(5): 641-652.

WIKLE T A, FINCHUM G A, 2003. The emerging GIS degree landscape[J]. Computers, Environment and Urban Systems, 27(2): 107-122.

WILLIAMS E A, KOLEK E A, SAUNDERS D B, et al, 2018. Mirror on the field: gender, authorship, and research methods in higher education's leading journals[J]. The Journal of Higher Education, 89(1): 28-53.

WILLISON J, O'REGAN K, 2007. Commonly known, commonly not known, totally unknown: a framework for students becoming researchers[J]. Higher Education Research & Development,26(4):393-409.

WILSON A,HOWITT S,WILSON K,et al,2012. Academics' perceptions of the purpose of undergraduate research experiences in a research-intensive degree[J]. Studies in Higher Education,37(5):513-526.

WILSON J P,2014. Geographic information science & technology:body of knowledge 2.0 project[M]. Pasadena, California: University Consortium for Geographic Information Science Symposium.

WU X H,DONG W H,WU L,et al,2023. Research themes of geographical information science during 1991—2020: a retrospective bibliometric analysis[J]. International Journal of Geographical Information Science,37(2):243-275.

XU L N,2019. Teacher-researcher role conflict and burnout among Chinese university teachers:a job demand-resources model perspective[J]. Studies in Higher Education,44(6):903-919.

YARNAL B,NEFF R,2007. Teaching global change in local places:the HERO research experiences for undergraduates program[J]. Journal of Geography in Higher Education, 31(3): 413-426.

YOUNG J,2017. What is going wrong with Chinese higher education? [EB/OL]. [2020-06-20]. http://www. chinadaily. com. cn/opinion/2017-02/10/content_28160557. htm

ZAMORSKI B,2002. Research-led teaching and learning in higher education:a case[J]. Teaching in Higher Education,7(4):411-427.

ZAWACKI-RICHTER O,LATCHEM C,2018. Exploring four decades of research in Computers & Education[J]. Computers & Education,122:136-152.

ZHAN Y,WAN Z H,2016. Appreciated but constrained:reflective practice of student teachers in learning communities in a Confucian heritage culture[J]. Teaching in Higher Education, 21(6):669-685.

ZHANG D,2019. The problem with Chinese universities? Not enough dropouts[EB/OL]. [2020-06-20]. https://www. sixthtone. com/news/1003440/the-problem-with-chineseuniversities%3F-not-enough-dropouts.

ZHANG L F,SHIN J C,2015. The research-teaching nexus among academics from 15 institutions in Beijing,Mainland China[J]. Higher Education,70(3):375-394.

ZHAO J J,BECKETT G H,WANG L L,2017. Evaluating the research quality of education journals in China:implications for increasing global impact in peripheral countries[J]. Review of Educational Research,87(3):583-618.

ZHOU Q,LI Z L,2012. A comparative study of various strategies to concatenate road segments into strokes for map generalization[J]. International Journal of Geographical Information Science,26(4):691-715.

ZHU M N,SARI A,LEE M M,2018. A systematic review of research methods and topics of the empirical MOOC literature (2014—2016)[J]. The Internet and Higher Education,37:31-39.

ZIMBARDI K,MYATT P,2014. Embedding undergraduate research experiences within the curriculum: a cross-disciplinary study of the key characteristics guiding implementation[J]. Studies in Higher Education, 39(2): 233-250.

ZOU S, 2018. Colleges enforcing academic standards with rigor[EB/OL]. [2020-06-20]. China Daily. http://global.chinadaily.com.cn/a/201810/26/WS5bd26724a310eff303284a69.html.

ZOU S, 2019. Ministry calls for high-quality university coursework[EB/OL]. [2020-06-20]. China Daily. http://www.chinadaily.com.cn/a/201904/29/WS5cc6c4aca3104842260b927a.html.

ZUBRICK A, REID I, ROSSITER P L, 2001. Strengthening the nexus between teaching and research[R]. Evaluations and Investigations Programme, 01/2. Canberra: Department of Education, Training and Youth Affairs.

附录A 期刊审稿意见回复案例[1]

§A.1 大 修

A.1.1 审稿人1

尊敬的作者，提交的稿件试图解释道路网的度相关性这一新的研究问题。稿件具备一定的技术特点，研究发现对特定读者非常有用。稿件在结构、语言、论证的平衡性方面可以经进一步认真修改以达到出版质量。尽管如此，我发现稿件同作者近期发表的以下文献具有较高的相似性，虽然已发表的文章中采用了两种方法和50个城市。

答复：

本稿件与您提到的已发表的论文的不同之处如下。我们此前发表的论文中仅采用并对比了两种定量度量(Newman r 系数和 Litvak-Hofstad ρ 系数)。这使得我们发现不同度量可以通过不同方式得出同一网络的同配性。然而，我们发现这两个定量度量存在不一致，并且不足以描述道路网中实际的连接模式。

为解决这一问题，本稿件加入了另外两个定性度量，并关注不同度量的一致性问题，旨在揭示道路网的拓扑结构。本文基于这四种同配性度量总结出了一个路网拓扑分类体系。就测试的道路网样本而言，本文新增了50个路网，提高了样本的异质性和代表性。

我建议作者将已发表的论文作为一个新起点，从不同角度定义新的研究问题并开展不同的研究。例如结合GIS功能或者自发地理信息并投入实际应用的方法，或者进一步研究如何利用研究发现(作者在稿件中列出了三点发现)。

答复：

在修改稿中，我们阐述了所提分类体系的应用。

我们通过一些解释变量(包括发展年代、是否有河流、是否临海、人口密度、是否有网格模式等)来验证提出的路网分类体系。结果表明河流与典型异配及弱异配路网相关，而非网格模式的路网趋向于弱异配或层次异配。这揭示了已有路网拓扑研究中多数为异配的道路网之间的细微本质差异，有助于理解几何形态与拓扑结构间的关系。

---

[1] 本附录中所有审稿意见及相应回复均为实际案例的英文文本直译，旨在呈现交流过程原貌。受限于作者英语水平以及中英文表达习惯差异，部分翻译文本略显拗口，敬请谅解。

我们还分析了所提路网类型与鲁棒性的关系。结果表明三种异配路网的鲁棒性存在差异。典型异配路网的鲁棒性显著高于另外两种异配类型的路网,却与度相关性呈中性的路网鲁棒性更为相似。

修改内容见5.2节第467至474行、第6节第476行至537行。

A.1.2　审稿人2

我的总体印象是本文的贡献不足以发表。采用的所有数据处理方法、度相关性度量均来自已有文献。我所见的唯一贡献是本文计算了世界范围内大量城市的度相关性指标。虽然100个城市的数据量充分,但本文的分析与假设检验仍然不足。大多数路网呈异配这一主要研究结果是对此前Porta、Buhl、Masucci等的多项研究发现"道路网一般而言不是同配"的复述。数据集过大反而不利于详细验证每个城市的结果,但或许可以检验一些解释变量(如度相关性能否由发展年代、地形、存在大型水体、人均收入等解释),也可论证这些度量为何有用(如层次异配网络是否较典型异配网络更易产生交通拥堵)。除非讨论为何有些路网得分相近及其含义,否则我认为研究如此大量的城市并无价值。

答复:

我们首先验证了所提出的道路网同配性类型与数个解释变量间的关系,包括发展年代、是否有河流、人口密度、是否有网格模式。在检验的诸多解释变量之中,河流与典型异配及弱异配这两种路网相关。非网格模式的路网与弱异配或层次异配相关。这些发现有助于理解几何形态与拓扑结构间的关系。

此外还分析了所提同配性分类与道路网鲁棒性差异。结果表明典型异配路网的鲁棒性显著高于另外两种异配类型的路网,这将改变鲁棒性随同配性单调递增的已有认识(Newman,2003;Iyer et al,2013),至少在道路网中并非如此。异配路网应该细分为几个不同类型,其中典型异配的鲁棒性比弱异配及层次异配更强。无论是异配还是同配的路网都可能有高鲁棒性,只要该路网与同配性中性的路网有所区分。弱异配和层次异配实际上与中性的路网更相似,而不是像单个度量显示的那样与异配路网更相似。

修改内容见第6节第476行至537行。

参考文献

NEWMAN M E J,2003. Mixing patterns in networks[J]. Physical Review E,67(2):026126.

IYER S,KILLINGBACK T,SUNDARAM B,et al,2013. Attack robustness and centrality of complex networks[J]. PloS One,8(4):e59613.

A.1.3　审稿人3

第7页第69至76行:请提供图示举例。

第8页第108行:"由于实践中道路名称和等级信息常常缺失"请给出统计或

参考文献。

参考文献第 353 行:network 一词笔误。

图 6:第二个子图的y轴未标注数值,对数和线性坐标轴的差异不应通过增加图幅展现。

图 7:图例和绘图尺寸太小。

答复:

原第 7 页中的数据预处理步骤现已在附录 C 说明。原第 8 页中属性缺失的统计结果现已在附录 B 表 S1 列出。参考文献中 Gastner 和 Newman 条目的笔误已更正。原图 6:y 轴数值标注已加密,两个子图现已合并为一个(见图 7)。原图 7、图 10:示例表达的可读性已改善,见图 8 和图 11。

总体意见:对比道路网的有趣方法,望提供更多有关拓扑和几何对比的内容。

答复:

在修改稿中,道路网的几何特征方面对比了是否存在网格模式。针对是否存在网格模式这一几何特征,对比了不同同配性类型的路网。结果表明没有网格模式的路网可能导致弱同配性或层次同配性。

在城市路网拓扑特征方面,由河流穿过导致的城市分割是一个重要因素,这是因为跨越河流的桥梁往往在路网中扮演重要角色。我们发现由河流分割的路网倾向于表现出典型异配或弱异配的度相关性。

上述发现均有相应的统计推断作支撑。修改内容见 6.1 节第 477 至 507 行。

A.1.4 审稿人 4

该文十分有趣,我确信如此大规模的此类研究是一项艰巨的任务。

然而,请清晰准确地定义原图法和对偶法的含义。将街道网或城市空间表达为图结构有多种方法。本文提到的仅仅是其中的两种,Michael Batty 在这些构图类型的方面有相关研究。

答复:

原图法将路网表示为一个拓扑图,其中节点表示道路交叉点、边表示路段。对偶法同样将路网表示为拓扑图,然而其中节点表示道路,边表示道路的交叉,展现了道路之间的关系。

道路的概念可由多种有趣的方式确定。这些方式包括连接两个路口的路段、连贯路段组成的连续链条(路划)、连接相邻的同名路段(称为同名道路)、提取空间句法理论中的轴线。对于道路的每种可行定义,均有对应的对偶表达表示所有道路之间的相交关系(图 A.1)。在初稿中,本文仅采用了每对最大适合策略(every-best-fit,EBF)路划作为道路的定义。在修改稿中,我们增加了轴线和同名道路作为对照。

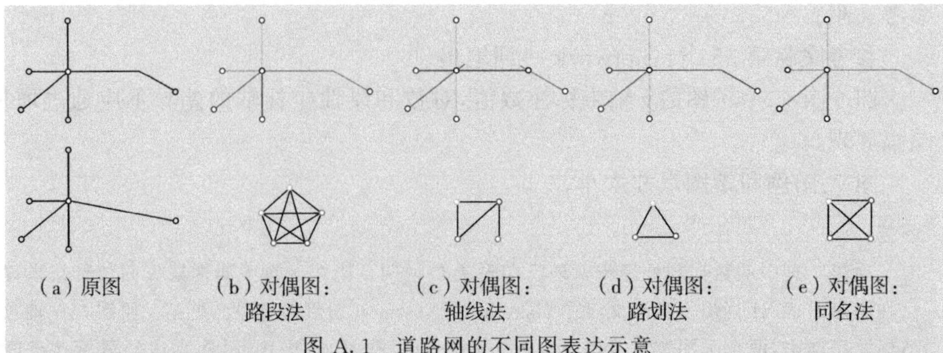

图 A.1 道路网的不同图表达示意

我们采用了与 Porta 等(2006a,2006b)一致的原图和对偶图定义。同时参考了 Batty (2004)对路网的多种图表达(图 A.2)。其更为复杂的原图或对偶图表达方式之中,有四种在本文采用的定义中均有相对应的方式:原始平面图对应于本文的原始几何图,对偶平面图对应于本文的路段对偶图,轴线图对应于本文的基于轴线的几何表达,原始句法表达对应于本文的基于轴线的对偶表达。本文未考虑路口之间的对偶句法。

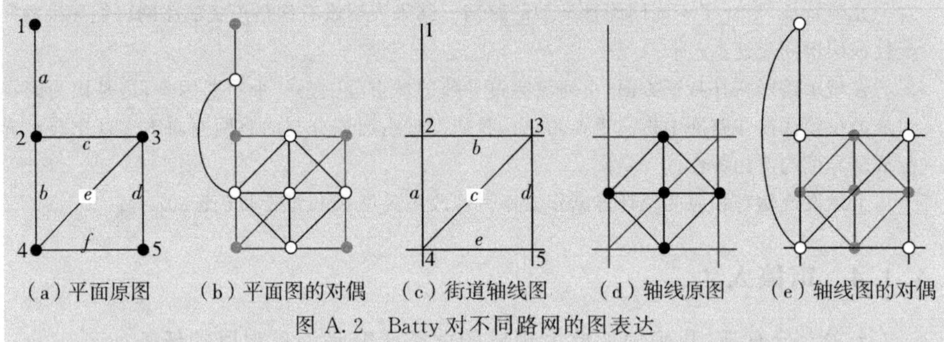

图 A.2 Batty 对不同路网的图表达

修改内容见 2.2 节第 105 至 140 行。

参考文献

BATTY M,2004. A new theory of space syntax[EB/OL]. [2020-06-20] http://discovery.ucl.ac.uk/211/1/paper75.pdf.

PORTA S,CRUCITTI P,LATORA V,2006a. The network analysis of urban streets:a primal approach[J]. Environment and Planning B,33(5):705-725.

PORTA S,CRUCITTI P,LATORA V,2006b. The network analysis of urban streets:a dual approach[J]. Physica A,369(2):853-866.

另外,稿件中有关本文方法重要性的原因介绍太少,而不是有关同配性在度量路网鲁棒性的实用性。本人认为有关为何采用此种道路表示方式方面的文献综述应该加强。已有对 Bin Jiang 的引用主要介绍如何利用道路中心线生成自然道路。然而还有其他方法将道路表示成对偶图,一种在 Bill Hiller 的著作中提及,另一种(本文中一笔带过)的方式是同名道路。本人不确定 OSM 数据缺失了多少信息,但采用同名道路在一些城市(尤其是美国城市)可能得到非常不同的结果。最后，本人建议将该研究与众多将道路网视为图的研究进行对比，并聚焦于为何这一度量和表达方式是合适的。

答复：

针对上述意见，我们分三个部分进行答复。

一、为何研究同配性

同配性是复杂网络的基本属性。它描述了网络中的边以何种方式连接节点。然而，物理学家和地理信息学家对道路网的同配性的关注尚有不足。

复杂网络的诸多拓扑属性在道路网中普遍存在。例如，我们验证了所研究路网的数项拓扑属性，包括层次组织、小世界、无标度。多数城市的团簇系数 C 显著高于随机图 C_r，平均最短路径长度 L 则与随机图 L_r 相当。对于层次组织特征，这些城市的 β 系数估计值均在1左右，且决定系数 R^2 也较高。虽然无标度特性的 p 值有所差异，但是幂指数 α 非常相似。同诸如无标度、小世界、层次组织等普遍存在的拓扑特性相比，度相关性是一个路网拓扑中更具区分度的一个方面，能够展示路网的特异性。

最后，同配性是一个有关连接倾向或偏好的属性，并非鲁棒性度量。

二、为何采用路划表达

由定义可知，路划和同名道路能反映城市道路的连接模式，适应于拓扑分析。这是由于这两种表达方式能避免平面图模型带来的几何限制(Jiang，2007)。与此同时，轴线对偶图有助于研究城市空间配置，因为该方式关注由路网隐含的开放空间之间的关系(Hillier et al，1984；Jiang et al，2010)。

路划或同名道路更适用于网络拓扑结构和连接模式的表达。空间句法理论提出的轴线则更适合城市设计规划场景中分析城市开放空间。本文探索城市道路的实际连接模式，而不是城市空间布置或布局。同名道路表达未被考虑是因为数据样本的限制。因此，本文采用路划表达进行深入分析。

三、三种表达方式的对比

本文对比了EBF路划对偶图、同名道路对偶图、轴线对偶图三种表达。实证结果确认了基于道路的表达与基于轴线的表达之间存在差异，而无论何种表达下同配性度量间的不一致性均存在。

作为对比，图A.3展示了三种表达方式下定量度量的箱线图和定性度量类型分布的条形图，结果表明不同图表达方式下同一路网的度相关性也不相同。多数情况下，同名道路与EBF路划的结果相似。一个例外是Litvak-Hofstad ρ 系数，同名道路表达下该系数通常反映出更弱的异配性。轴线表达大多数为同配，这与EBF路划或同名道路表达完全不同。修改内容见第4节第217至204行、第5.2节第467行至474行。

参考文献

HILLIER B，HANSON J，1984. The social logic of space[M]. Cambridge，MA：Cambridge University Press.

JIANG B，2007. A topological pattern of urban street networks：universality and peculiarity[J]. Physica A，384(2)：647-655.

JIANG B,LIU X,2010. Automatic generation of the axial lines of urban environments to capture what we perceive[J]. International Journal of Geographical Information Science,24(4):545-558.

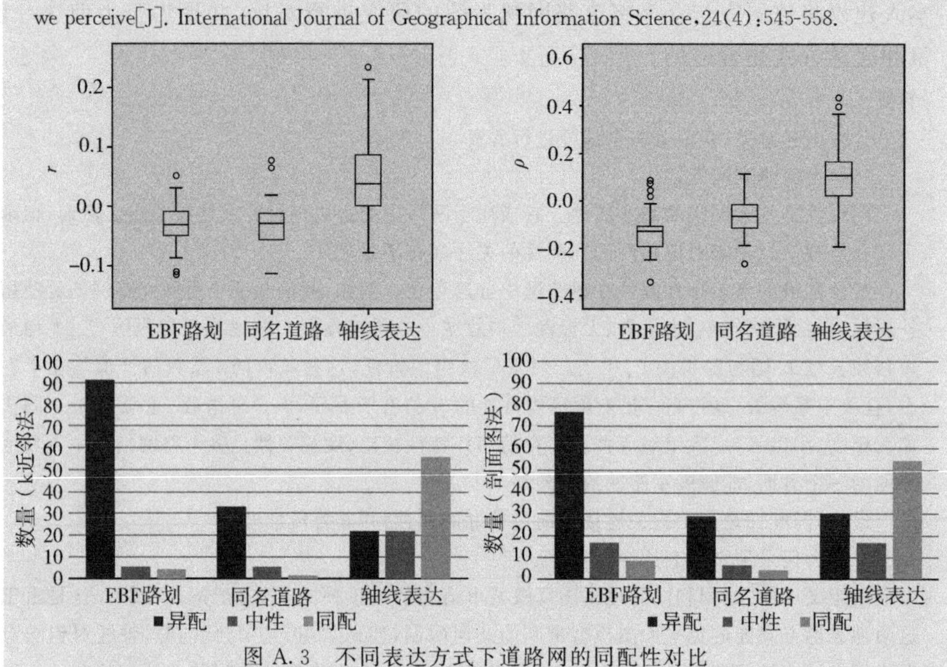

图 A.3 不同表达方式下道路网的同配性对比

§A.2 小 修

A.2.1 审稿人 1

图表的清晰表达大幅提升了稿件质量。上一轮的意见已作阐述，相应修改已经落实。我建议此轮作如下小改动。

1. 请提供本文的研究目标。引言的最后一段是不必要的。

答复：

本研究有两个主要目标，一是深入研究道路网的度相关性，二是对比度相关性的不同度量。前者可为路网演化模型方面的研究提供支持，后者强调已有度量在道路网拓扑分析中的优缺点。引言部分结尾的冗余段落已删除。

修改内容见第 78 至 82 行。

2. 请在第 4 页上使用恰当的格式引用网站链接。

答复：

自我们收集数据以来该网站已发生巨大变化，因此我们现在将这一引用改为一篇介绍该网站历史版本的相关博客文章，并采用了符合要求的引用格式。

修改内容见第 100 行。

3. 请为参考文献提供DOI号。

答复：

我们现已将参考文献的数字对象标识符加入列表以便读者查阅。

4. 对道路网度相关性的研究新且有用。正因为此，应用部分加入更多讨论会更好。

答复：

我们添加了对地理因素和鲁棒性结果的讨论。

网格模式的缺失对弱异配和层次异配的形成有所贡献。这两种度相关性类型的特点是低度节点与中度节点间的连接较多。不像网格模式中低度道路可轻易与贯穿全局的高度道路连接，非网格模式意味着网络结构中存在主干，而主干网络受地理空间限制难以覆盖部分区域，避免了这些区域的低度局部道路与贯穿全局的道路相连。另外，弱异配和层次异配的区别在于高度的主干道路之间是否连接良好(图A.4)。

(a) 利沃夫

(b) 卡尔斯鲁厄

图A.4 异配路网

图A.4(a)为弱异配，高度的主干道路之间连接较少。图A.4(b)为层次异配，高度道路之间连接较好。两个城市均为非网格模式，低度的局部分支道路不直接与高度的主干道路相连。

修改稿还对鲁棒性强但为异配的网络进行了深入分析与解读。分析结果强调了低等级局部道路网通达性的重要性。诸如巴塞罗那、布宜诺斯艾利斯的同配路网对于删除高度或高介数的节点具有鲁棒性。这是因为它们的全局网格模式中包含了众多可相互替换的高度道路。诸如雅典、大阪、温哥华的异配路网具有局部网格模式，即使最重要的5%节点被删除仍可保持有一半以上道路连通。这是因为区域间连通性来自相对次要的局部道路，它们在极端事件中不易受到影响，如图A.5(a)所示。相反，诸如拉斯维加斯和基辅的异配路网鲁棒性相对较弱，其原因在于区域内部道路被主干道路分割，如图A.5(b)所示。一旦高度或高介数的主干道路被删除，整个路网变成了由局部道路组成的孤岛。这一现象表明在没有全局网格模式的城市路网规划中，设置连通不同区域的局部道路有助于抵御主干网络的故障。

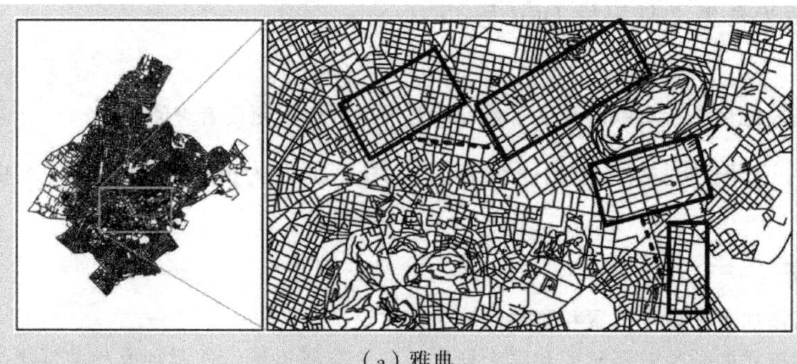

（a）雅典

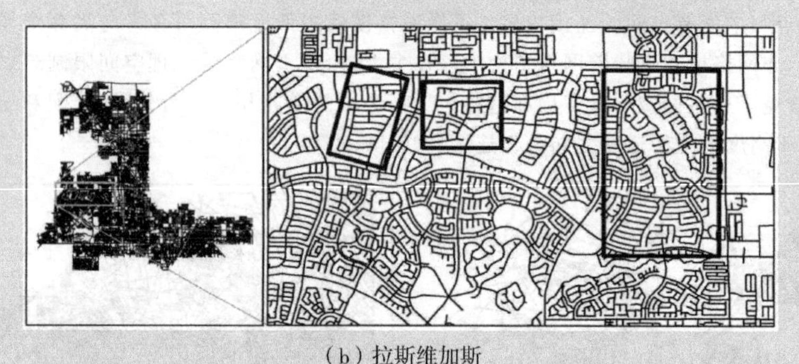

（b）拉斯维加斯

图 A.5　异配路网的鲁棒性差异

图 A.5(a)所示雅典的鲁棒性为 0.078 0，不同区域的网格(实线框)由相对低度的道路连接(虚线)。图 A.5(b)拉斯维加斯的鲁棒性为 0.005 4，孤立的局部社区由高度或高介数的主干道路连接，而主干道路在极端事件中易受影响。

修改内容见第 520 至 528 行、第 565 行至 578 行。

A.2.2　审稿人 2

修改稿较原稿有很大进步。几点小建议：

1. 摘要中"With the development of the new network science"语法不正确。我也不确定这一说法的意思。我建议重写第一句改善清晰度和语法。

答复：

该句已重写为"Recent advances in network science and the development of volunteered geographic information have created new research opportunities in the topological analysis of road networks."。

修改内容见第 1 至 3 行。

2. 引言第 2 段"thestructural"单词之间要加一个空格。

答复：

在稿件的 R1 版本中这两个单词之间确实已有空格。

3. 第2.2节第1句应作“which are embedded...”。

答复：

已更正。修改内容见第121至122行。

A.2.3　审稿人3

1. 请在第2.1节中提供OSM数据质量的最新进展，例如：

ARSANJANI J J, BARRON C, BAKILLAH M, et al, 2013. Assessing the quality of OpenStreetMap contributors together with their contributions[C]//Proceedings of the AGILE. Leuven, Belgium: Springer: 14-17.

BARRON C, NEIS P, ZIPF A, 2014. A comprehensive framework for intrinsic OpenStreetMap quality analysis[J]. Transactions in GIS, 18(6): 877-895.

CANAVOSIO-ZUZELSKI R, AGOURIS P, DOUCETTE P, 2013. A photogrammetric approach for assessing positional accuracy of OpenStreetMap roads[J]. ISPRS International Journal of Geo-Information, 2(2): 276-301.

答复：

已引用这些文献并加强OSM数据质量综述。

尽管对OSM数据质量的关注由来已久(Girres et al, 2010; Haklay, 2010)，OSM数据的成功应用也层出不穷。例如路网元胞结构(Jiang et al, 2011)、路网鲁棒性分析(Duan et al, 2013, 2014)、城乡梯度等研究(Schlesinger, 2014)。与此同时，还有一些更具系统性的数据质量评估研究(Arsanjani et al, 2013; Canavosio-Zuzelski et al, 2013; Barron et al, 2014)表明，OSM数据质量在发达地区与发展中地区、城市地区与农村地区、有无活跃绘图社群的地区之间存在巨大异质性(Schlesinger, 2014; Zheng et al, 2014)。

修改内容见第88至97行。

参考文献

ARSANJANI J J, BARRON C, BAKILLAH M, et al, 2013. Assessing the quality of OpenStreetMap contributors together with their contributions[C]//Proceedings of the AGILE. Leuven, Belgium: Springer: 14-17.

BARRON C, NEIS P, ZIPF A, 2014. A comprehensive framework for intrinsic OpenStreetMap quality analysis[J]. Transactions in GIS, 18(6): 877-895.

CANAVOSIO-ZUZELSKI R, AGOURIS P, DOUCETTE P, 2013. A photogrammetric approach for assessing positional accuracy of OpenStreetMap roads[J]. ISPRS International Journal of Geo-Information, 2(2): 276-301.

DUAN Y, LU F, 2013. Structural robustness of city road networks based on community[J]. Computers, Environment and Urban Systems, 41: 75-87.

DUAN Y, LU F, 2014. Robustness of city road networks at different granularities[J]. Physica A: Statistical Mechanics and its Applications, 411: 21-34.

GIRRES J,TOUYA G,2010. Quality assessment of the French OpenStreetMap dataset[J]. Transactions in GIS,14(4):435-459.

HAKLAY M,2010. How good is volunteered geographical information? A comparative study of OpenStreetMap and Ordnance Survey datasets[J]. Environment and Planning B: Planning and Design,37(4):682-703.

SCHLESINGER J,2015. Using crowd-sourced data to quantify the complex urban fabric—OpenStreetMap and the urban-rural index[M]//OpenStreetMap in GIScience. Cham: Springer:295-315.

ZHENG S,ZHENG J,2014. Assessing the completeness and positional accuracy of OpenStreetMap in China[M]//Thematic cartography for the society. Cham:Springer:171-189.

2. 请提供第 2.1 节预处理步骤的细节,可以采用处理流程图的形式。将附录C中的插图(或者至少是部分插图)集成到正文中更有助于理解预处理流程。

答复:

我们调整并集成了之前附录 C 中的内容,在修改稿正文图 2 中展示了预处理流程。该图(图 A.6)在一个图中展示了完整的流程,包括从互联网数据下载(数据获取阶段)、一致性检查、数据增强、模式典型化、拓扑检查(预处理阶段)。

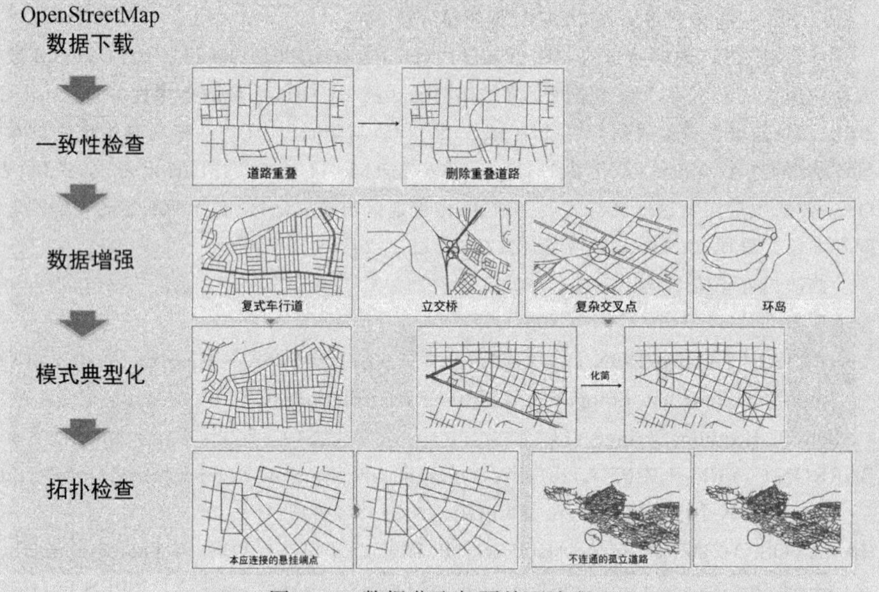

图 A.6　数据获取与预处理流程

修改内容见第 106 至 119 行。

3. 第 599 行参考文献中的笔误。

答复:

已纠正,见第 647 行。

A. 2. 4 审稿人 4

我认为稿件有很大改进，尤其是三种网络表达的对比方面。然而，我仍然认为有必要更加深入分析结果。一些需要留意的点如下：

1. 首先，你们处理了很多数据。我认为解释清楚数据生成的过程非常重要。例如，轴线是由道路中心线还是街区生成的？两种情况都可以引用 Bin Jiang 的文献，并明确提及该流程是否影响轴线的质量。

答复：

本文所用轴线由道路中心线生成。这一点已在第 2.2 节澄清。

此外，我们还改进了原附录 C，将其中预处理流程的图示加入了修改稿的图 2。获取到的 OSM 数据经过四个预处理步骤。首先，通过删除重叠路段中的一条处理了重复问题（一致性检查）。之后，探测复式车行道、复杂交叉点等道路结构（数据增强）并化简为适宜拓扑分析的结构（模式典型化）。最后，确保道路网具有连通性（拓扑检查）。

修改内容见第 106 至 119 行、第 148 行。

2. 我认为你们应该参考一些采用原图法进行数据生成和分析的已有研究，明确在为何与如何采用不同方式解释问题上的立场。例如，如果采用原图法，介数中心性就很有意义，可以用来分析路网在极端情况下的鲁棒性。然而，与空间句法类似的对偶法则在分析造价行为方面有诸多裨益。你们的构图方法是基于何种立场？近期有一些采用原图法分析大量路网及其对鲁棒性影响的研究。请引用探讨构图方法的研究，近期有颇多此类研究。然后谈谈你们的方法与他人方法的不同。我认为多加入一些对比和解读会使你们的工作更具影响力。

答复：

采用原图法的路网分析诸多研究关注节点中心性、网络鲁棒性等（Park et al，2010；Porta et al，2012；Jenelius et al，2015）。这些研究将路网建模为交叉点或位置及其连通性的集合。多数研究中的路网具有平面结构，边表示节点间的显式连接，因此他们对中心性和鲁棒性的解读相当直接。

然而，如果关注路网的结构，线性单元则是更好的基本分析元素（Turner，2007；Marshall，2016）。相较于分析交叉点之间的局部连接，对偶法有助于揭示隐含的结构或模式（Jiang et al，2009）。

基于道路的对偶法中，线性单元的度分布更为多样，有利于借助同配性度量理解路网的结构特征。我们验证了五个代表性路网原图表达的度相关性，发现它们均呈现同配性。这五个代表性路网对应于正文中每种同配性类型的典型城市，其中采用爱丁堡替代伦敦是由于后者的路网采用原图法分析对于我们的计算设备而言过于庞大。

结果显示这些具有相当差异性的城市的原图表达呈现出了相似的同配性。这是由于原图法受限于地理空间和平面结构，节点的度取值范围局限于 1 至 8 之间。这些结果支持上述对两种构图表达方法的分析对比结论。如果我们有任何遗漏，敬请指出。

修改内容见第 35 至 41 行、第 43 行至 50 行。

参考文献

JENELIUS E, MATTSSON L G, 2015. Road network vulnerability analysis: conceptualization, implementation and application[J]. Computers, Environment and Urban Systems, 49: 136-147.

JIANG B, LIU C, 2009. Street-based topological representations and analyses for predicting traffic flow in GIS[J]. International Journal of Geographical Information Science, 23(9): 1119-1137.

MARSHALL S, 2016. Line structure representation for road network analysis[J]. Journal of Transport and Land Use, 9(1): 29-64.

PARK K, YILMAZ A, 2010. A social network analysis approach to analyze road networks [C]//ASPRS Annual Conference. San Diego, CA: American Society for Photogrammetry and Remote Sensing: 1-6.

PORTA S, LATORA V, WANG F, et al, 2012. Street centrality and the location of economic activities in Barcelona[J]. Urban Studies, 49(7): 1471-1488.

TURNER A, 2007. From axial to road-centre lines: a new representation for space syntax and a new model of route choice for transport network analysis[J]. Environment and Planning B, 34(3): 539-555.

3. 本人认为分析结果是可以改进的主要环节。作者仍需深入分析这些结果意味着什么。本人认可本次加入的鲁棒性分析部分。此外，还请提及有关极端事件与网络鲁棒性的研究，并对鲁棒性强的城市做具体分析。有哪些城市？这可能意味着什么？在本人看来这些具体分析不必涵盖全部城市，但这将有助于读者学到有关城市的新见解。诚然，一共有 100 个城市。目前我们所知的是，其中一些是同配的，一些不是；一些表达下的路网是同配的，一些不是。但是 GIS 最关心的问题是针对明确目标做有意义的分析，这些目标可以是对一个系统的了解，可以是解决一个实际问题。如果这是一本网络科学期刊，本人确信你们将得到更多有关实际结果的技术问题。而在本刊，本人认为对于本领域的启示则更为重要。显然，你们已经加入了一些这方面的内容，但本人认为这两块内容要更加深入。

答复：

已加入地理因素和鲁棒性的更多讨论。

网格模式的缺失对弱异配和层次异配的形成有所贡献。这两种度相关性类型的特点是低度节点与中度节点间的连接明显较多。不像网格模式中低度道路可轻易与贯穿全局的高度道路连接，非网格模式意味着网络结构中存在主干，而主干网络受地理空间限制难以覆盖部分区域，避免了这些区域的低度局部道路与贯穿全局的道路相连。另外，弱异配和层次异配的区别在于高度的主干道路之间是否连接良好(图 A. 4)。

修改稿还对鲁棒性强但为异配的网络进行了深入分析与解读。分析结果强调了低等级局部道路网通达性的重要性。诸如巴塞罗那、布宜诺斯艾利斯的同配路网对于删除高度或高介数的节点具有鲁棒性。这是因为它们的全局网格模式中包含了众多可相互替换的高度路。诸如雅典、大阪、温哥华的异配路网具有局部网格模式，即使最重要的 5% 节点被删除仍道可保持有一半以上道路连通。这是因为区域间连通性来自相对次要的局部道路，它们在极端事件中不易受到影响，见图 A. 5(a)。相反，诸如拉斯维加斯和基辅的异配路网鲁棒性相对欠缺，其原因在于区域内部道路被主干道路分割，见图 A. 5(b)。一旦高度或高介数的主干道路被删除，整个路网变成了由局部道路组成的孤岛。这一现象表明在没有全局网格模式的城市路网规划中，设置连通不同区域的局部道路有助于抵御主干网络的故障。

修改内容见第 520 至 528 行、第 534 至 536 行、第 565 至 578 行。

4. 另一件能增强研究影响力的事情是寻找有关那些城市本质的有趣信息。例如，文中提到的是否有河流。是否确实检查了这一现象是否属实？本人认为如果对元数据进行检查，将会产生一些能被城市学研究者复用的新知识。

答复：

我们检查了应用中采用的元数据并纠正了此前数据集内的一些错误。现在已经可以确定有无河流对典型异配和弱异配有一定的贡献。统计分析中少量数据更正对此前结果没有带来实质性影响。

修改内容见第 507 至 509 行、表 7。

后 记

本书最后谈一点我的经历，希望对刚入职的青年教师有所帮助。在导师艾廷华教授的支持和帮助下，我2012年博士后出站后留在武汉大学资源与环境科学学院地图科学系任教。因为自己是助理研究员职称，不能指导研究生，所以就想着试试能否指导本科生。

这里最重要的是心态。不要总想着指导本科生这件事情有没有酬劳或者是有没有项目支持，教育学生本身就是教师的天职，这与医生救死扶伤是一个道理。退一步说，哪怕是想要获得资助，你首先要做点事情，然后凭借这个事情获得认可，这就和我们基金评审中的有没有研究基础相仿。

2012年我开始指导本科生，2013年适逢国家基础科学人才项目"武汉大学地理科学理科基地"的开展，项目负责人刘耀林教授和刘艳芳教授给予了大额无偿资助。在该项目的资助下，我和我指导的本科生共同成长。2016年发表了我们本科生团队的第一篇国际期刊论文。凭借在本科生指导和GIS教育研究方面的贡献，我获得了国际华人地理信息科学协会颁发的2019年度CPGIS教育卓越奖(CPGIS Education Excellence Awards)。

也就是在这段时间，我开始尝试进行GIS教育研究，然而我越做越发现自己的研究很不专业。所以2019年初我申请了新西兰奥塔戈大学高等教育发展中心的国家公派访问学者，导师是Rachel Spronken-Smith教授，她时任奥塔戈大学研究生院院长、新西兰研究生教育院长主任联席主席(Chair of the New Zealand Universities Deans and Directors of Graduate Studies)。访学期间，导师对我关怀备至，悉心指导，帮助我建立学术网络，让我有幸结识了TPACK领域顶尖专家Joyce Hwee Ling Koh。回国以后我继续从事GIS教育研究，其间导师艾廷华教授、师父黄仁涛教授、沈焕锋教授、龚威教授、彭宇文教授、朱联东教授、杜清运教授、蔡忠亮教授、应申教授、任福教授、朱海红教授、何建华教授、陈玉敏教授、李连营教高、邵世维教高、胡海副教授、刘兴国同志、魏秀琴同志、刘潇同志和沈元春同志在职业发展上给予了很多建议和帮助。

2020年9月，习近平总书记在科学家座谈会上指出要加强创新人才教育培养。作为高校教师，我们应当按照这个要求创新教育思想、教育模式和教育方法，注重培养学生的创新意识和创新能力，在激烈的国际竞争环境下为国家储备科技创新的后备军。希望本书能使广大青年教师和本科生受益。

田 晶